NHK BOOKS
1264

魚食の人類史
——出アフリカから日本列島へ

shima taizo
島 泰三

NHK出版

はじめに――1960年代の下関、ある鮮魚商の店先

山口県・下関駅《しものせき》のプラットホームに立つと、眼下の狭い水路の向こうに彦島《ひこしま》の緑の小山が見える。冬には、北西からの冷たい風が関門《かんもん》海峡へ吹き抜けていく。そこは、ユーラシア大陸北方のシベリア気団が日本列島の窓となるこの海峡を経て、豊後《ぶんご》水道から太平洋へ渡る長大な風の通り道である。

21世紀の下関では関門海峡で最も狭い早鞆瀬戸《はやともせと》に面した唐戸《からと》市場が、日本海、対馬《つしま》海峡、瀬戸内海という、それぞれに異なる海の魚が集まる稀有《けう》の市場として観光名所にもなっている。しかし、20世紀半ばの下関漁港は、そんな規模ではなかった。そこは響灘《ひびきなだ》から日本海、玄界灘《げんかいなだ》から対馬海峡、そして瀬戸内海はもちろん東シナ海や黄海を含む広い海域から、魚を満載した漁船が集まる西日本でも最大級の漁港だった。

その昔、早朝の下関漁港には活気にあふれる日常があった。漁船は岸壁に列をつくり、魚を満載した網籠をクレーンで吊りおろしていた。働き者揃いのおばさんたちが選別台で選り分けた魚が魚箱(トロ箱)に流し込まれ、それを若い衆が引き込み線に並んだ貨車に次々と積み込んで、周

りでは仲買の男たちが大声を上げて売り買いをしていた。

この漁港で一晩、魚箱を貨車に積みこむ作業員となるのは、かなり実入りのよいアルバイトだった。夜通し約15時間働いて2300円（と日誌にある）。当時は仕送り月額が8000円の時代である。アルバイト代の他に、「兄ちゃん、これも持って行け」と大きなサバを3本もらったこともあった。今なら高級魚の大サバだが、当時はただ荷物になるとしか思わなかった。

この漁港は、当時の国鉄下関駅と彦島の間の狭い水路に整備されたものだった。水路は、急流の関門海峡の分岐だったため、船が流されないようにその最も狭いところに二重の水門がつくられていた。水門はふだん締め切られており、船の通行の時だけ開けられた。そして通過する船が、パナマ運河のように二つの水門が完全に締まるまで水門と水門の間で待つのである。この珍しい水門の姿は、私の子ども時代の記憶に強烈な印象を残しており、青年期のそうとう後半まで夢に見た。


下関には、唐戸市場と下関漁港の市場の他に、駅の北側の線路沿いに長門《ながと》市場があった。ここは、山陰線の列車に乗って漁村のおばさんたちが担いでくる北浦《きたうら》（日本海）の魚が売りさばかれる場所だった。

母はこのうち下関漁港と長門市場で魚を仕入れて、彦島の店で「鮮魚」を売っていた。中学校へ提出する実家の職業欄に「魚屋」と書いた時、母に「鮮魚商」と書き直しさせられたことを覚えている。「うちで売っているものは、鮮魚やけ（だから）」というのが、その理由だった。つまり、冷凍や切り身や塩漬け、干物《ひもの》は扱わないということらしかった。

たしかに、イカは店先で色素を明滅させていたし、タコは生きているものを毎朝、母が慎重に熱湯につけて茹で上げていた。サザエなどの貝類も、むろん生きていたし、ワタリガニも動いていた。ナマコも売っていて、これも生きていたのだろうが記憶は曖昧である。

鮮魚商とは言いながら、サメやクジラは切り身だった。南氷洋捕鯨の基地だった下関港には、キャッチャーボートと呼ばれた、船首に特殊な砲を装備した船が常時並んでいたので、彼らから手に入れていたのだろう。

母はイワシ、イカ、タコ、アジ、サバ、タイ、ヒラメ、カレイをそれぞれ固有の種名で呼んでいた。魚について、鮮魚商は専門家なのである。ただのイワシやイカと呼ぶことはなかった。マイワシ、ウルメ（イワシ）、カタクチイワシであり、ケンサキイカ、ヤリイカ、そしてスルメイカと区別して売っていた。カレイはマコガレイやメイタ（カレイ）やババガレイであり、指差しながら「これは、今が旬」と言うのが、母の口癖だった。マサバとゴマサバ、マアジとムロアジもしっかり区別されていた。

店先では、サバが宝石のように輝いていた。これらはアジ、イワシとともに青物と呼んだが、本当にサファイアのように光るのである。私の弟は今でも「刺身はフグとか言うけど、オレは一番うまいのはサバのお茶漬けやと思う」と言っている。刺身になるサバでなくてはならないのだが、これを熱いご飯に埋めて、熱湯かお茶をかけ、醬油で味付けしてかっこむのである。サバを刺身で食べるのは、アニサキスなど寄生虫の問題があって、誰にでも薦められるものではないが、旬のサバを刺身にして熱湯で簡単に処理したこのお茶漬けのうまさには比べられるものはない。

刺身の代表格は、マダイ、ヒラメ、カワハギ、シロギス、そしてコチ（マゴチとメゴチ）だった。サヨリも細いクチバシを伸ばして、氷の上で鮮やかな緑青《みどりあお》の深い色を放っていた。カマス、タチウオ、オコゼ、アコウダイ、カサゴ、イサキ、アマダイ、ムツ、ニベ、シログチ、たまにはシイラやアカエイもいた。

冬はむろん「フク」（下関では伝統的に濁らない）である。母は「トラフクの生きもの」にこだわっていた。下関の鮮魚商たちの「トラフクの生きもの」へのこだわりは徹底していて、知人の一人は「生きもの以外は食べん」と断言する。また季節物で重要なのはブリで、年末には一本物が幾十となく売れた。

店に並んでいた魚には、ホウボウやハモもあった。イイダコは卵を持っているものしか売らなかったが、今思い出してもその味は格別だった。アナゴも店先に並んでいたが、ウナギはなかった。ウツボは店に出ることはまずなかったが、母は料理したことがあるようだった。サメは種名がなく、ただのサメか、フカと呼んだ。だが、この白身で厚いゼラチンの皮をもった魚は、湯引きして酢味噌で食べればことさら美味だった。

こうして鮮魚店に並ぶ魚を書き出しながら、思い当たったことがある。このリストには、コイなどの川魚や、サケ／マス類といった北方海域の魚、チョウチョウウオなどの熱帯海域の魚がいない。それはいいとしても、マグロがいないし、当然あっていいはずの魚たちの姿もない。クロダイ、イシダイ、イシガキダイなどのイシダイ類とスズキ類、ハタ類、そしてベラ類である。これらは、当時の魚屋が扱うものではなく、釣りでとってきて食べるものだったのだろう。

実際、私たちはよく海辺に行った。「ニイナ」と呼んでいた小型巻き貝類は遊びでとるもので、祖母に湯がいてもらっておやつに食べた。貝類はアサリからサザエにいたるまで自給だった。中学生になると、学校帰りに寄り道をして大和町《やまとまち》の埋め立て地でアサリを拾い、右近製網の裏庭で七輪に火をおこして、これもおやつにした。

季節になれば、小アジをバケツいっぱい釣って、三杯酢（今ならマリネ）にしてもらった。ワタリガニは店にも売っていたが、私たちのイメージでは買うものではなく、岸壁に籠《かご》を降ろして自分たちでとってくるものだった。また、ワカメは岸壁や磯にいくらでも生えていた。

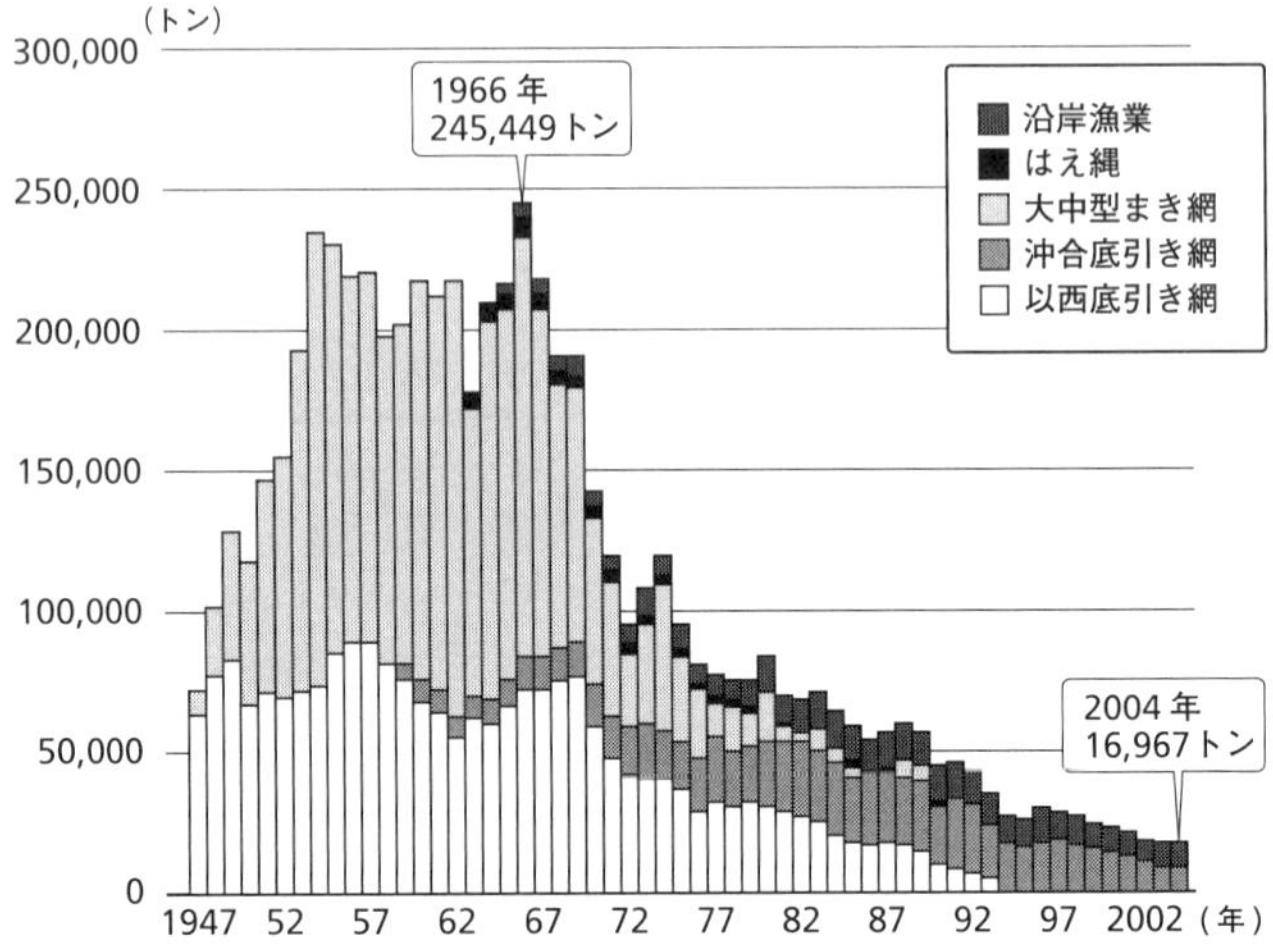

資料：農林水産省「漁業・養殖業生産統計年報」

図１　下関漁港の水産物取扱量の推移

私たち日本人がこうした漁撈採集民としての性格をなくしはじめたのは、第２次世界大戦後しばらく経ってからのことである。下関漁港でも１９７０年代に入ってから大きく景色が変化した。大中型まき網による漁獲量が極端に減り、それまで主力ではなかった沖合底引き網漁に頼るようになったのである。

その上、平成に入ると以西底引き網漁（東経１２８度30分より西の黄海、東シナ海で操業する底引き網の漁業）の漁船が入船することがなくなった。底引きは文字通り、海底の魚を根こそぎとる漁のやり方で、それまでの海中に網を流すまき網では、魚がとれなくなったためだった。しかし、この根こそぎ漁でさえ、あまりの乱獲によって魚がとれなくなったのである。

その結果、2004年には下関漁港の取扱漁獲量は1万6967トンと最盛期(1966年)の7%にまで落ちこんだ(図1)。それは日本の漁業が自給率113%を誇っていた20世紀半ば(1964年)から57%に急落した21世紀(2015年)への時代の転換とほとんど一致している。この50年間の変化は劇的なものだった。

私の母は80歳を超えても「浜に行く」と言っては、テングサ取りに出かけてトコロテンをつくっていた。母は下関漁港に仕事に行くのも「浜に行く」と言っていたので、彼女の世界観では天然自然の海岸も漁港も同じ「浜」だったのだろう。だが、いま唐戸市場に訪れる観光客の何人が、そうした時代があったことを覚えているだろうか。

人は簡単に過去を忘れる動物だから、一度「本当の過去」にまで遡《さかのぼ》って、自分たちの食べ物についての事実を知っておいたほうがいいかもしれない。そして「本当の過去」と言った時、私たちがサルであった時代から始まるのが人類学の視点である。

目次

編集協力　猪熊良子
図版作成　手塚貴子
本文組版　佐藤裕久

第1章
霊長類は魚を食べたか

生命線としての多様な食物群

ホモ・サピエンス、つまり私たちの主な食物の一つは魚である。まして、日本のように周囲を海に囲まれていれば、魚を食べることは不思議でもなんでもない。しかし、魚が霊長類の食物かというとじつはそうでもない。霊長類が魚を食べる例はごくまれなのである。

それでは、なぜホモ・サピエンスは魚を食べるようになったのか。この疑問に答える前に、そもそも霊長類の食物の中で魚がどのように現れてくるのかを、ニホンザルから順番に見ることにしよう。幸いなことに、私は自分の野外研究のごく初期から霊長類の食物に焦点を当ててきたので、ニホンザルでもオランウータンでもアイアイでも、サルたちの食物の選び方について実際の様子を再現することができる。

ニホンザルを追跡した際のフィールド・ノートの記録は、次の通りである。

１９８２年7月16日曇り　午後4時ちょうど。夕べのとばりが降りてくる、そのかそやかな音が聞こえると思ったら、細かい雨が降ってきていたのだった。今日は、風景に気をとめるほど、余裕でサルたちを追跡している。

房総《ぼうそう》半島の鹿野山《かのうざん》―高宕山《たかごやま》間に南北にのびる主尾根を東に渡ったサルの群れは、千葉県君津《きみつ》市側の集落近くで犬に追い返され、西側斜面に戻った。そこで密な竹藪に入って、今が盛りのメダケと、やや季節が終わりかけのマダケのタケノコを猛烈な勢いで食べていた。

枝を折る音、かき分ける音、かみ砕く音、そしてケンカと実に騒々しい。視界のない竹藪の中では彼らの姿ははっきりとは見えないが、近くにいるだけで10頭くらいだろうか。

午後5時20分、ケンカは2ヶ所で聞こえる。タケノコを食べているものは2頭。そして、私の目の前5mのところで地上で落ちついてすわりこみ、毛づくろいをしている一組がいる。

午後5時40分、14頭が歩いてこの尾根に集まり、さらに斜面を上へ移動する。ウーの声にホーとなき、遠くでウィアーの声。ウィアーと低いホーの声は山裾から聞こえ、本隊からはかなり離れている。

午後６時ちょうど、１頭のメスが地上で歩きながら、ココと鳴く。落ち着き始めたのだ。

午後６時10分、タケノコを食べていた騒動はまるで嘘のように静まりかえって、ときおりの鳴きかわしのほかは、実に静かだ。サルの群れは広がって、林の中に２、３ヶ所に分かれている。

午後６時35分、暗くなった森の中で私もここで寝てしまおうかと思ったが、雨が強くなりあきらめた。サルたちは広がったままで集まる様子はないが、どうやらここが寝場所だ。

サルたちがこの１日で食べたものは、ウワミズザクラの果実、クズのツル、クロモジの果実、ニセアカシアの実、マダケとメダケのタケノコ、クモ類、アオバハゴロモの幼虫、ヤマユリの蕾、ハナイカダの実、モミの種子だった。ニホンザルは雑多なものを食べるので、そこにどういう特徴があると一口では言いにくい。

ニホンザルの研究者である間直之助《はざまなおのすけ》によると、比叡山《ひえいざん》のサルの食物は植物性のものだけでじつに３７０種あり（間、１９６２）、房総丘陵でも２０３種に達している（房総丘陵ニホンザル調査隊、１９７２）。その中で重要なものに限り、私が１９７０年以来20年間、ニホンザルの食物を調べてきた結果をまとめると表1のようになる。

表1　季節ごとに見たニホンザルの食物

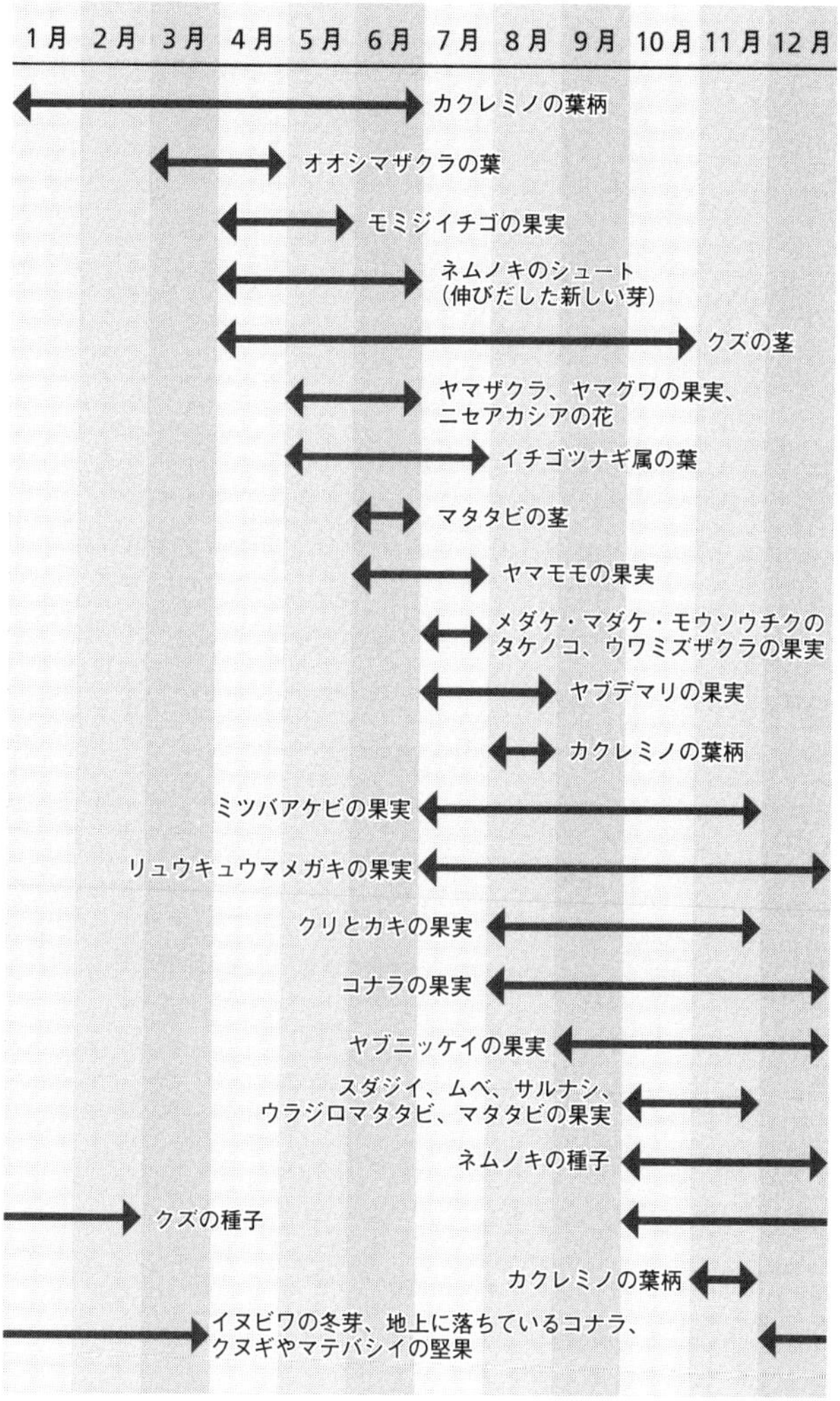

指先、ほお袋、頑丈な歯

季節の移り変わりに合わせて、最適の食物を選びとって指先で摘みとるのが、ニホンザルの食べ方である。その特徴は、指先の繊細さとほお袋にある。

小さな穀物や果実を選びとって食べるための指先の繊細さは、人間を凌駕する。コムギの粒を両手で交互につまんで秒速3個の割合で食べることは、人間にはできない。大きな群れで生活するニホンザルは食物を他のサルから守るために、様々な策略を必要とする。その策略を形にしたものが、食物を詰めこむほお袋だ。

頑丈な歯も万能の道具である。ニホンザルは季節によって、新芽や熟した果実のように柔らかいものから樹皮のような堅いものまで、何でも食べる。動物も食べるが、そのほとんどは昆虫で、アオバハゴロモやセミも見つけたら必ず捕まえて食べた。クヌギの林に発生するガの幼虫はお気に入りのようで、こちらがあきれるほど熱心にむさぼり食べていた。

1983年5月11日、錦織《にしきおり》さん所有炭焼き窯の上のクヌギ林にて。13時55分イクエ（オトナメス）、クヌギの木にのぼり、1分間21匹というおそるべき速さでクヌギの葉についたイモムシを食う。

このように、現生のサルは果実、葉、動物（ほとんどは昆虫）の3つの食物をいろいろな割合で食べている。霊長類は中生代（2億5100万～6600万年前まで：恐竜の時代）に果実をつける被子植物が出現したのちに、この植物群に適応して現れたと考えられている（Martin, 2003）。そのため果実を主食にする種が最も多く、葉や昆虫を食べない種はいても、果実をまったく食べない種はいない。

ニホンザルが魚を食べた例

樹上生活者である霊長類が、食物として魚を取り入れる例はごく少ない。私もニホンザルが夏に川で何かをとって食べている姿を見たことはあるものの、それが何かはわからなかった。

ニホンザルの仲間（マカク属）は東南アジアに広く分布しており、海岸地方にすむカニクイザルは、カニや貝類など海岸の小動物を普通にとって食べる。しかし魚を食べる姿は、まず見られない。私が川で見たニホンザルがとっていたのも、カワニナのような貝だったか、あるいは水生昆虫だったのだろう。

もっともニホンザルが魚を食べた例は、あるにはある。1952年に餌付けされた宮崎県幸島《こうじま》

写真1　魚を食べる宮崎県幸島のニホンザル
打ち上げられた魚とは思えないほど新鮮な状態なので、あるいは撮影用に人が与えたものかもしれない（2015年12月13日撮影、写真提供：共同通信社）。

のニホンザルの魚食の記録を、渡邊邦夫《わたなべくにお》が１９８０年代の分までまとめており、餌として撒《ま》いた小魚を食べたのが4回で、浜に打ち上げられた魚を食べたのが2回であった（Watanabe, 1989）。近年の観察例は、２００４年1月24日9時23分から13時15分の間のエピソードで、浜に打ち上げられたスズキを周辺のオスが見つけて食べ、その後、群れのメスたちが現れて合計16頭が食べた（Leca et al., 2007）。

だがこれらについては、渡邊が１９８９年に発表したニホンザルを母系とするサルたちが２００４年にも含まれていることや、幸島はごく狭い島であり、そこで人間によって長い間餌付けされていたことから、食性が大きく変容している可能性がある（写真1）。しかも、浜に打ち上げられた魚を食べていたのであって、生きている魚を捕まえて食べたわけではない。

長崎県佐世保《させぼ》市の九十九島《くじゅうくしま》動植物園（森きらら）では、飼育しているニホンザルが水中に頭を突っ込んで魚をとって食べたと報道された（長崎新聞２０１８年9月29日）が、これは飼育下では野生でありえないことも起こる例と考えるべきであろう。先に少し触れたが、ニホンザルの同属で、東南アジアに広く分布しているカニクイザルやブタオザルは、水辺で巻き貝や水棲昆虫をとるが、これらも魚を捕らえることはない。

ただし、サルたちがこのように行き当たりばったりにでも、いろいろな物を食べて生き延びることができるという点は重要である。霊長類は多様な食物をとることができる動物であり、必要に迫られればかなりの冒険ができる。それはヒト科の大型類人猿オランウータンでも同じである。

オランウータンと様々な霊長類の魚食

オランウータンの魚食が広く知られるようになったのは、ある衝撃的な写真がきっかけだった。それはオランウータンが木の棒を使って、水中のナマズを追い上げている写真である。この写真は、カナダのヨーク大学の心理学者アン・ラッソンとインドネシアの研究者グループによるもので、彼らはボルネオオランウータン（全19頭）の魚をとろうとする行動を61例観察し、うち10頭が魚を食べていること（19例）を確認した（Russon et al., 2014）。

ただし、気をつけておきたいのは、その魚がすべて追い上げられて動けなくなったナマズ類（すべてナマズ科の東南アジア固有属であるクリプトプテルス属など3属）とライギョ（スズキ目タイワンドジョウ科)だったことである。これらの魚は島の池に飼われていた。さらに観察が行われた場所は、保護されたオランウータンを収容する三つの島のうちの二つであり、オランウータンは人に飼われていた時に餌として魚も与えられていた。

彼らはオランウータンの他に、20種の霊長類の一覧をまとめているが、食物となった水中動物はカエル、カニ、エビ、貝類となっている。実際のところ、霊長類はどの程度水中動物を食べるのだろうか。カエルなどは、マダガスカルの原猿類(コビトキツネザル科のネズミキツネザル属など)も食べる。他に水中動物を食べる可能性があるのは、コンゴ盆地にすみ、指に水かきをもち、泳ぎが得意で潜水して危険を避けられる真猿類(ゴリラやニホンザルなどの仲間)のアレンモンキーだが、彼らも川の泥の中の無脊椎動物は食べるものの、魚食の記録はない。

繰り返しになるが、ニホンザルの仲間のマカク属(これらも真猿類)には水辺で暮らすものがいて、ベニガオザルはカメの卵やゲンゴロウ類を食べ、カニクイザルはタコ、エビ、カニの他にマテガイなどの貝類を食べ、ニホンザルは前述のスズキの他、タコ、カサガイ、マテガイ類、カニを食べる。

アフリカのヒヒ類では、オリーブヒヒ(ドグエラヒヒ)がカニの他にダガー(タンガニーカ湖のサーディン:ニシン科の魚)を食べたという観察があり、チャクマヒヒはムール貝、カニ、カサガイ、サメの卵、ヨコエビ、小甲殻類、ウオジラミ、ティラピア(スズキ目カワスズメ科)やコイ(コイ目

写真2　水辺で採食するボノボ
ボノボが積極的に魚を探した例は、加納の観察以来報告されていないが、水の中でも採食することは頻繁に観察されている（写真提供：GUDKOV ANDREY／shutterstock）。

コイ科）などを食べる。しかし、いずれも野生の個体が自然状態で泳いでいる魚をとって食べたのではない。

ボノボはアレンモンキーと同じコンゴ盆地にいて、ミミズや魚を食べる可能性がある。加納《かのう》隆至《たかよし》はボノボが水面を叩き、水中から落ち葉ごとすくいとるように、水生昆虫か甲殻類、あるいは魚を探していたと報告している（Kano, 1979）。

最近の研究では、ボノボが水生植物を食べることが注目されている（写真2）。水生植物には陸上の植物に比べて明らかにヨウ素が多く含まれているためである。ヨウ素は成長にかかわる甲状腺ホルモンの形成に重要な稀少金属元素だが、アフリカ大陸内部では食物から得ることが難しい。そのため、水生植物はこの地域に住む人々のヨウ素不足を解消できる食物源だと考えられているのである（Hohmann et al. 2019）。

実際、ボノボが食べたイグサの髄《ずい》とヨザキスイレン（夜に咲くスイレンという意味の名前だろうか）の茎には、陸上植物の10倍のヨウ素が含まれている。ニホンザルでも水草を食べる姿が確認されているが、そこにもヨウ素食の意味があるのかもしれない。ちなみに水生植物にはヨウ素の他、ミネラルも多く含まれている。

チンパンジーでは、カニを食べる例が報告されている（東京新聞「チンパンジーもカニ食べる」2019年5月30日夕刊6面）。これは、日米英スイスの合同チームが2012〜14年の間に、チンパンジーがカニを捕まえて食べる行動を181回確認した、というものである。しかし、ここでも魚食は観察されていない。

魚食をめぐる進化物語

このように霊長類における魚食はごく例外的であり、特定の状況下で生じる特殊な現象であるという印象が強い。だがそれでもラッソンたちは、ボルネオのオランウータンの魚食の観察や、水中動物を食べる20種の霊長類の一覧から人類の魚食について大胆な仮説を立て、壮大な進化物語を描いてみせている。

ポイントになったのは、オランウータンのナマズ取りが、池が干上がったり、木の棒に驚いて陸に逃げたりした結果、魚が動けない状態で行われていることだった。彼らは同じような条件の時に、人類も魚をとって食べることを覚えたのだろうと考えた。

つまりアフリカが乾燥した時代に、陸上の食物が少なくなると、水辺にいた人類はボノボが行っているように水草などを食べるようになった。そして池が干上がったりして動けなくなったナマズなどをオランウータンがやっているように捕まえるようになった。このように段階を踏みながら、次第に魚食を取り入れていったのだ、と主張する。

またその年代は240万年前よりももっと以前のことではなかったか、とラッソンたちは言う。240万年前――すなわち人類が脳容量を飛躍的に発展させるホモ・ハビリスの時代よりも前だったのではないか、と。

なぜなら、類人猿であるオランウータンの脳容量でも、木の棒などの道具を使って魚を池から追い出すことができる。だとしたら、そういう文化をチンパンジークラスの脳容量を持つ、アウストラロピテクス属が持っていても不思議はない。アウストラロピテクスたちは、最低限でも類人猿たちと同程度の能力をもっていたはずだから、サバンナの水辺で無数にいる魚を見つけた時に、食糧の一つとして取り入れなかったはずはない。

ラッソンたちの言う通りだとすれば、初期人類たちは私たちホモ・サピエンス同様、積極的に魚食を行っていた可能性が出てくる。このようなストーリーからは、カバやワニが泳ぐ大地溝帯の湖の沖合に視線を配り、無数の水鳥の立ち騒ぐ水辺を注意深く歩きながら、泥の中を動く生き物を探す初期人類の姿が、イメージとして浮かび上がってくる。だが果たして、それは本当だろうか。そのことを、次章では検討することにしよう。

第2章
大型類人猿と古人類の食物とは

固い種子を噛み割るオランウータンの歯

前章ではボルネオの大型類人猿オランウータンの魚食を見たが、それは人為的影響の強い、例外的な条件の中で起こった事件だった。2000万年前に始まる大型類人猿の時代に、魚食の記録はまったくない。400万年前のアウストラロピテクス属に始まる人類の時代においても、魚食が確認されるのは、190万年前のホモ・エレクツスの時代からである。

ヒト科の歴史(図2)は、2000万年前の中新世初期にゴンフォテリウム陸橋によってアフリカとユーラシア大陸が接続した時から始まる。それまでは小型類人猿の時代であり、アジアにテナガザル科がいるだけだったのが、大型類人猿が登場したことで、ついにアフリカとユーラシア

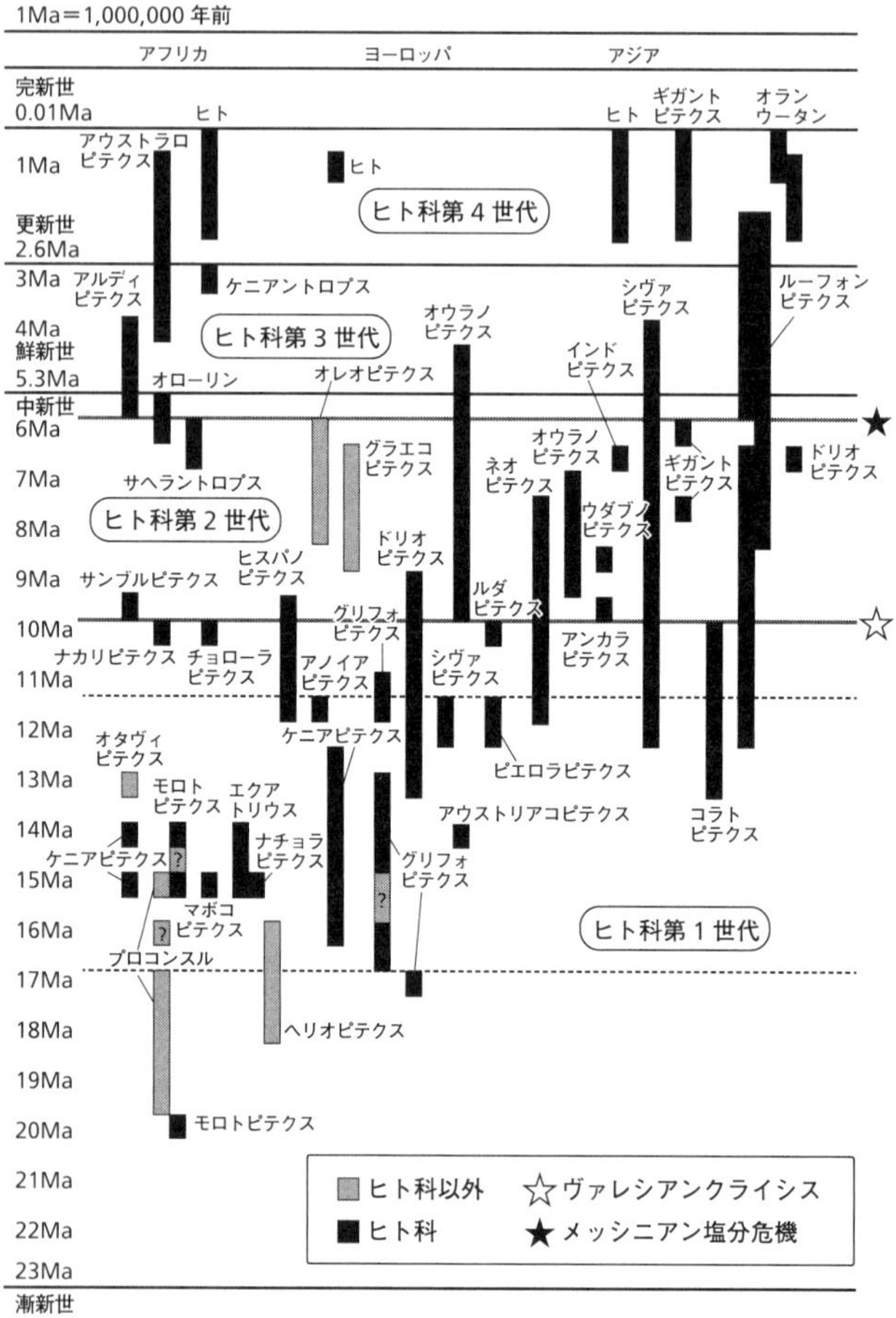

図2　ヒト科の歴史
ヒト科第1世代、第2世代については本文を参照されたい。ヒト科第3世代は地中海が干上がったメッシニアン塩分危機以降、更新世が始まるまでにアフリカに出現したアルディピテクスとその同時代の大型類人猿たちである。ヒト科第4世代は更新世のアウストラロピテクス属、ギガントピテクス属と、現生種に続くオランウータン属と、ヒト属である（ゴリラ属、チンパンジー属については、化石が確認できない）。

の両大陸で「ヒト科の歴史」が始まったのである。

ヒト科第1世代としては、アフリカではモロトピテクス、プロコンスル、ケニアピテクス、アラビア半島ではヘリオピテクス、ヨーロッパではグリフォピテクスを挙げることができる。

その後、1400万年前に東アフリカが極乾燥気候になってアフリカの大型類人猿は姿を消すが、1300万年前にアジアにコラトピテクス、ルーフォンピテクスとシヴァピテクスが、ヨーロッパにドリオピテクス、ピエロラピテクスが現れ、1000万年前にアフリカにサンブルピテクスなどが現れたことで、ヒト科第2世代の時代が始まる。

前章に登場したオランウータンは、このヒト科第2世代に属するシヴァピテクスとそっくりの外見をしている。そのことは以前、別の本で書いたことがある。


シヴァピテクスとオランウータンの横顔は、その突き出した上顎に特徴がある。これは果実の大きな堅い棘から目を守る形なのだろう。オランウータンがドリアンのような非常に大きな堅い棘のある果実を食べるときに必要な、形態的な適応である。シヴァピテクスの出現は、種子ごと巨大果実を食べる高カロリー食のニッチを占める類人猿が出現したということを示す。（島、2016：43頁）

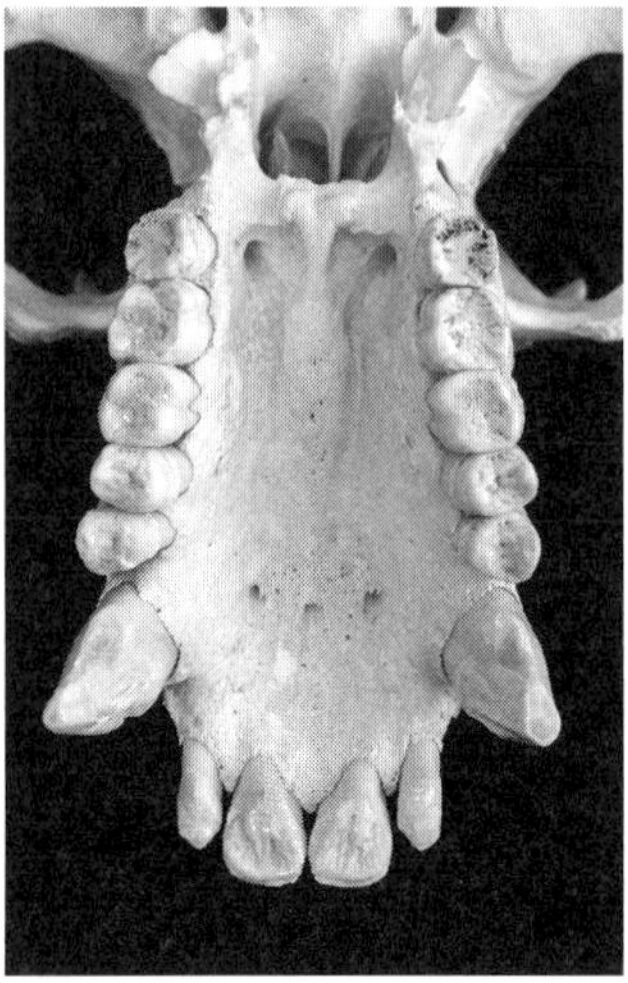

写真3　オランウータンの上顎の歯
オランウータンの歯には、すり減っているが、臼歯の表面のしわが見える。標本は東京都上野動物園所蔵のもの（撮影：阿部雄介）。

オランウータン属は、ヒト属とともに更新世（260万～1万年前）に現れる大型類人猿としては比較的新しいグループだが、頭骨と歯にヒト科第2世代の特徴をそのまま受け継いでいる。

ここでは歯に注目してみよう。オランウータンの歯は、霊長類の歯の典型的な構成である切歯、犬歯、小臼歯、大臼歯からなっているが、形の違いが特にはっきりとしている（写真3）。各種の歯は、嚙みとり、引き裂き、嚙み割り、嚙み潰すことに対応しており、オランウータンはそれらを駆使して異なる成熟段階の様々な果実を食べる。オランウータンの歯がシヴァピテクスのそれと似ているのは、彼らのこうした食生活のあり方が、ヒト科第2世代と似ていたからだと考えてよい。

磨りつぶす臼のようなアウストラロピテクスの歯

一方、初期人類であるアウストラロピテクスの歯は、オランウータンのそれとはまったく異な

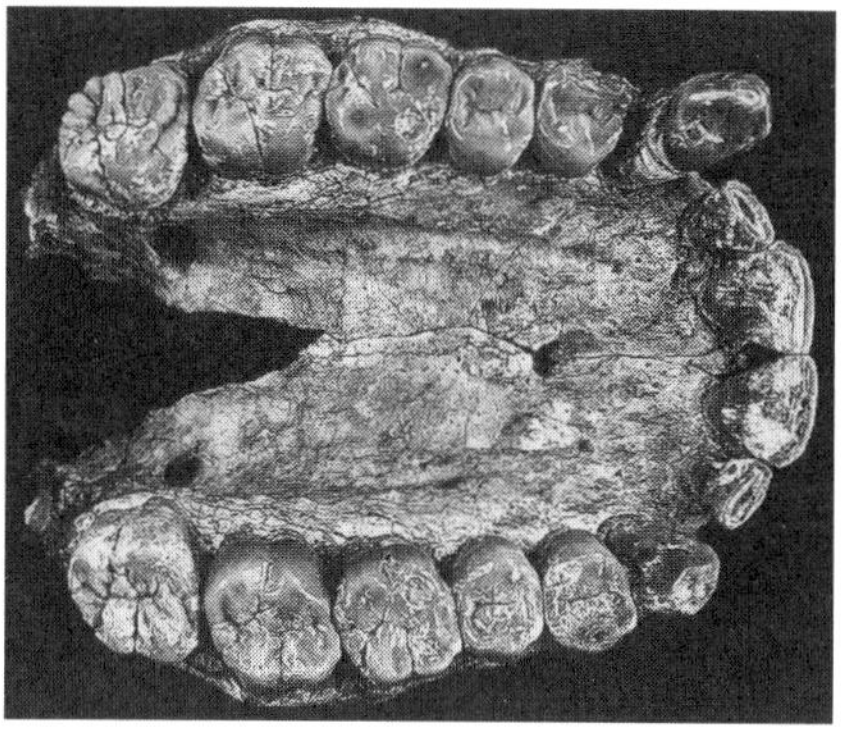

写真4　アウストラロピテクス・アファレンシスの歯
アウストラロピテクス属の祖先であるアファレンシスの歯列はホモ・サピエンスとオランウータンの中間的な外観をしている。大きな臼歯はすり減り、あまり大きくない犬歯もすり減っていることから、彼らが何かをすり潰していたことがうかがえる(Johanson & Edey, 1981より)。

っている(写真4)。一目見て、「これはいったい何だろう?」と思ってしまうほどだ。

まずアウストラロピテクスのぎっしり並んだ平たい歯列には、オランウータンのような大きな犬歯がない。人類学の教科書には「U字型の歯列は類人猿の特徴であり、放射線型の歯列を描くのが人類である」と書かれている。人類型は犬歯の突出がないため、前方に向かって開くU字型の歯列にならないからだ。つまりアウストラロピテクスの歯は類人猿型ではなく、人類型をしているということである。

アウストラロピテクスは、先祖型のアファレンシスから二つのタイプに別れたと考えられており、ほっそりタイプ(華《きゃ》奢《しゃ》型)と頑丈タイプ(頑丈型)に分類される。頑丈タイプは頑丈な下顎と大きな臼歯を特徴とする40~80kgの大型種で、パラントロプスという別の属名で呼ぶ学者もいた。なおパラントロプスには、鮮新世中頃の260万年前から更新世前期の100万年前頃まで生存していた東アフリカのボイセイ(トゥルカナ湖のエチオピクスを含む)と、南アフリカのロブスツスが含まれる(ロブスツスはやや新しく、2 10万年前に現れて65万年前までいたとされる)。

ほっそりタイプも頑丈タイプも、人類型の歯列の基本型を保った水平な歯列をしている。それは食物を切断するよりも、すり潰すことを主目的とした歯列の形である。実際、彼らの歯のエナメル質はオランウータンよりも厚い。歯のエナメル質では主成分のハイドロキシアパタイトの割合が骨よりはるかに高い97%に達しており、宝石並みの硬度7を誇る。

オランウータンはそれを硬い種子を噛み割るために使っていた。では、アウストラロピテクスは、人類型の水平な歯列と、丈夫な臼歯を何に対して使ったのだろうか。ヒントは手指の形である。霊長類の手指は、先端が蹄《ひづめ》の有蹄《ゆうてい》類や、カギ爪の食肉類と違ってバラエティ豊かである。これは霊長類が食べることのできる食物の幅が広いからであり、それぞれ特有の手指の形は、彼らが主に食べる物に対応していると考えていい。

こうして疑問点を絞ることができる。つまり、彼ら初期人類の歯と手指を使って食べるのに適したもので、他の動物たちが利用しておらず、しかも十分な量がある食物は何か、と。

人類史上最大の謎への挑戦

この人類史上最大とも言える謎を解こうと、多くの人類学者が挑戦してきた。初期人類の食物仮説としては、「植物食仮説」がある(Peters and O'Brien, 1981)。チャールズ・ピーターとアイリーン・オブライエン(ジョージア大学)は、初期人類とヒヒ/チンパンジー、そして現代の狩猟採集民(ホモ・サピエンス)の食物について比較検討し、「初期人類のニッチ(生態的地位)は植物食にあった」と主張した。

この論文で取り上げられた現代の狩猟採集民はクンサンやトンゲなど9部族であり、チンパンジーについては研究者9グループの、ヒヒは研究者12グループのデータが用いられている。彼らはそれらのデータをもとに、まずそれぞれの「通常の食物」の検討を行った。

具体的には「通常の食物」を「花」「果実」「種子」「葉」「茎」「樹皮」「地下貯蔵組織」の七つに分類し、ヒト(狩猟採集民)とチンパンジーとヒヒが何をどのような割合で採食しているかを求め、その重なり具合をパーセントで示した。そして果実がヒトとチンパンジーで66%、ヒトとチンパンジーとヒヒで86%も重複していたことから、ピーターたちはアウストラロピテクスもまた、チンパンジーやヒヒなどの他の霊長類との競合の中で果実を利用していたのではないか、と結論した。

一読して疑問に思うのは、ヒトの食物は植物だけではないし、チンパンジーの肉食も知られているのに、なぜ「通常の食物」が植物に限定されているのか、ということである。これでは、前提と研究方針と結論があらかじめ用意されていることになる。

彼らの論文は人類学の専門誌である『カレント・アンソロポロジー』に掲載された。この雑誌ではコメンテーターが名前を出して寄せた評価が論文の最後に掲載されて、かつそれに対する論文執筆者の回答も載る。その議論が面白い。たとえば、野生チンパンジー研究者として霊長類学の草創期からの権威者であるアドリアン・コルトランド（オランダ・アムステルダム大学）のコメントは、次のように辛辣《しんらつ》きわまりないものだった。

「第一点、三種の霊長類の競合について語っているが、著者たちは実態を知らない。第二点、すくなくとも全体像を明らかにすべきなのに、東アフリカと南アフリカにデータを限っているが、そこには対象となるチンパンジーがいない地域さえある。第三点、チンパンジーの生息する西アフリカの生物学的データは、フランス語だが、彼等はまったくフランス語文献を引用していない。第四点、食物リストは不完全。第五点、ヒトとチンパンジーの関係は競合だけですまされるような単純なものではない。それは進化史においても同じで、もっと真面目に研究を深めなくてはならない」と。

当時、西田利貞《にしだとしさだ》（京都大学名誉教授）は野生チンパンジーの第一線の研究者だったが（その後199

2年には国際霊長類学会会長としてマダガスカルで開催された国際学会を主催)、その西田さんのコメントは、ある意味でもっと辛辣だった。

「著者らが西、中央アフリカのデータを排除する理由が分からない。これは思うに西欧人中心主義のためではないか。三種に競合はなく、別の食物に適応していた。人類は掘り棒で掘った深い根を食べ(deep-root feeder)、ヒヒは地中の浅いところの食物をとる雑食者で、チンパンジーは果実を中心とする雑食者だったのだ」と。

両権威からコテンパンに言われたピーターたちの答えはどうだったか。「いや、西アフリカのデータなどまだまったく十分ではないので、待っているところだ」と、堂々と反論している。若い研究者たちに大家らの批判は痛烈だっただろうが、その議論の終始が掲載され、記録として残されているところに学問の深さ、あえて言えばその健全さを感じる。

植物食から昆虫食・肉食へ

ピーターとオブライエンの説には別の問題もあった。それは「競合が多い」ということからも明らかなように、果実が他の霊長類の歯でも十分に食べることができる、という問題である。つまり初期人類の主食が果実を中心とした植物食であったなら、人類型のすり潰しシステムをもった歯は必要にならないはずである。

では、果実ではなく硬い殻をもった石果《せきか》(クルミなど)の種子だったらどうだろうか。この説を唱える研究者はエナメル質の厚い臼歯が、石果の堅い殻を噛み割るのに有効だったと考えている(Kay, 1981)。しかし実際に計測してみると、これらの石果を割るには177~934kgの力が必要であり、アウストラロピテクス(やホモ・サピエンス)が出せる91~200kgの力ではほとんど噛み割ることができない。

オランウータンは人類よりは薄いが、それ以外の霊長類の中では最も厚いエナメル質に覆われた臼歯をもっているだけでなく、その表面に「シワ」のような凹凸構造をもち(写真3)、硬い石果の殻を圧力をかけて噛み割ることができる。このような表面構造をもっていないアウストラロピテクスの歯が、石果の堅い殻を噛み割るのに適していたとも考えづらい。

では、草の種子を初期人類の主食候補とする説はどうか(Jolly, 1970)。ニホンザルほどの大きさであれば、草の種子でも地面に落ちたコムギの粒でも指先でつまんで両手で交互に口に運ぶことができる。しかし人類程度の大きさの霊長類には、熟して落ちた小さなものをつまみあげること自体が難しく、主食として非効率的である。

さらに草の種子を主食とするネズミ類の臼歯にはギザギザの刻み目があり、これによって堅い種子を削って食べることができる。しかし、人類には栽培したヒトツブコムギでさえ、あまりにも堅くて、製粉のために中近東の中石器時代人は石臼を使った。アウストラロピテクス以来の人類の特徴である、平らでなめらかな歯は、草の種子食にはまったく向いていないのである。

それでは、先の西田さんのコメントの中にもあった、地下深いところにある植物の根を食べていた、という説はどうだろう。この説は「植物食仮説」の不備を改良しようとした学者たちの一群によって出されたもので、「地下貯蔵器官仮説」（地下貯蔵器官＝Underground Storage Organ の頭文字をとって「USO仮説」）と呼ばれる（Ungar, 2004など）。

確かに根茎や塊茎などの植物の貯蔵器官は食べるのにすり潰す必要があるだろうが、そのうち生で食用になるのはヤマイモなどごくわずかで、多くは有毒なのでそのままでは食用にできない。煮炊きすると毒抜きできるものは多いが、アウストラロピテクス属の時代に火を使った痕跡はない。地下貯蔵器官を主食にしたと考えるのは難しい。

こうして、初期人類の主食を探す旅は、植物食を離れて、昆虫食、肉食を視野に入れることになる。

初期人類は捕食者というより捕食される側

昆虫は、現代人の食糧危機を救う万能の食糧として、広く推奨されているものであり、場合によってはたくさんの量を得ることができる。しかも第1章で見たように霊長類では昆虫食はごく一般的であり、体重100g未満のネズミキツネザルの主食も昆虫である。だが果実同様に競合が多く、すり潰す型の臼歯の必要もないため、人類型の歯の特徴を説明するには不十分である。

では、肉はどうか。これこそ初期人類の最も重要な食物として、人類学で一時期定番の仮説になっていた。南アフリカの人類学者レイモンド・ダートは、アウストラロピテクスがサバンナで生活する初の人類であり、その遺跡から無数の哺乳類の骨が出てくることから、彼らは捕食者でありハンターだったと提唱した(Dart, 1957／ダート、1960)。

この説は作家のロバート・アードレイがアウストラロピテクスを『狩りをするサル』(1978)として描いたことで広まったが、ダートが発掘したのと同じ遺跡で、ヒョウに食われた形跡のあるアウストラロピテクスが確認されると、狩る側ではなく狩られる側だったのではないか、という疑問が提出されるようになった(Brain, 1981)。

たしかに、アウストラロピテクスの体重は40kg程度なので、自分たちより大きなサバンナの動物を捕食していたと考えるより、大型捕食者に捕食される側だったと考えるほうが自然に思われる。

さらにここまで見てきた歯の特徴から考えても、表面が滑らかな臼歯は、肉食にまったく向いていない。野生動物の肉はことさら筋が多くて堅いため、人類の平たい歯ではなかなか噛み切ることができないのだ。噛み切ることができなければ飲み込むこともできない。肉食仮説ではアウストラロピテクス属からヒト属まで続く、人類型の歯列構造をやはりうまく説明できない。こうして人類型の水平な歯列と、丈夫な臼歯を何に対して使ったのか、という最初の問いに舞い戻る。

有力なアイデアの一つは、大型肉食獣の食べ残しを漁ったのではないかという「スカベンジャー仮説」である。アメリカの人類学者ルイス・ビンフォードが、タンザニアのオルドヴァイ渓谷の遺跡から発掘された動物の骨は、狩猟したものではなく、他の捕食者が狩りをした残りの骨を集めたものだった、と主張した(Binford, 1981)。

この「スカベンジャー仮説」は、かなりの説得力をもつものだった。なぜならサバンナにはライオンなどの食べ残しがいたるところにある。その量としては、1週間の調査で合計400kgの肉がついたシマウマやヌーの骨、骨髄が利用できる新鮮なカモシカ類4頭分の死骸が確認されている(エディー、1977 : Schaller and Lowther, 1969)。

これによって、初期人類は捕食者というより捕食される側であり、しかも捕食者である大型肉食獣の食べ残しを漁っていた可能性が高くなった。

主食をめぐる論争に終止符をうつ

「スカベンジャー仮説」では、骨についた肉や骨髄を初期人類の主な食物と考えたが、ロシアの生物学者B・E・ポルシュネフはそこからさらに一歩進んで、肉食獣が残した骨そのものを食物にしたとする「ボーン・ハンティング仮説」(「骨食仮説」)を提唱した(Porshenev, 1974)。生態人類学者の渡辺仁《わたなべひとし》は、この「骨食仮説」を「まったくユニークでしかも矛盾がない」(渡辺、1985)と評価している。それは人類の手指がもつ特徴についても、この「骨食仮説」で説明できるからである。

サバンナの大型肉食獣の食べ残しは、ハイエナによって骨のかけらまでなくなってしまう、というわけではない。ライオンが食べ残したあとにはハイエナもくるが、ハイエナより小型のジャッカルやハゲコウもやってきて、お相伴《しょうばん》にあずかることができる。そして、『ライフ人類100万年』シリーズでメートランド・エディーが報告したような量の骨が、肉つきのまま残されているのがサバンナの実態だった。

その情況は、今でも観光旅行程度のサファリで体感できる。ケニアのマサイマラ動物保護区は、動物たちの間近まで行くことができるので観光客に人気のスポットだが、その中央にキチュアテンボ飛行場がある。飛行場といっても平らにならした草原であり、シマウマやヌーが歩いている中を飛行機は着陸する。そこには屋根だけで壁のない東屋《あずまや》があり、ホテルへ行く客を乗せた車がいっぱいになると、残りの乗客はそこで次の車を待つことになる。

ホテル側から「ライオンが近くにいるので、気をつけて」というありがたい忠告はいただけるが、無防備の観光客にはどうしようもない。あたりを見晴らすとシマウマの骨らしきものが転がっている。たぶん、ライオンの食べ残しだろう。自分がそうなる可能性も含めて、遺棄された骨はサバンナの日常なのである。

おそらくそこに初期人類はニッチを見出したのだ。小さいものならまだしも、残っているのがハイエナも食べられないほど大きな動物の腰の骨や頭蓋骨であれば、割らなくては食べられない。その時、親指を他の指に向かい合わせることができる私たちの手は、手ごろな石を握りしめるのにちょうどよい形となる。つまり、誰も食べられないほど大きな骨は、石で叩き割ればよい。

私のこの説に対して、ある動物園の園長が、獣医として異を唱えたことがあった。「骨の硬さを知っていますか？　私たちは手術で野生動物の骨の硬さをよく知っていますが、そんなに簡単に割れるものじゃありませんよ」と。しかしその後、彼と先のマサイマラに行き、実際にライオンやハイエナが食い残した骨があったので、それを大きな石の上に置き、石で叩き割って見せた。実験によって「獣医の常識」は、文字通りこなごなになったのである。

親指が他の指に向き合うという特徴は「拇指対向性《ぼしたいこうせい》」と言い、アウストラロピテクスの時代に

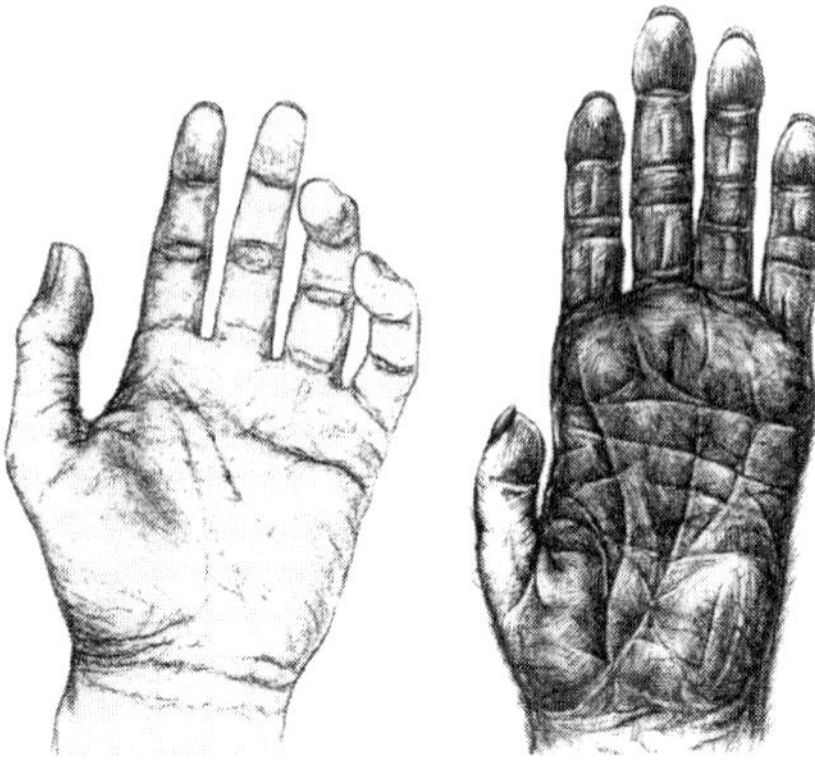

図3　チンパンジーの手（右）と、ホモ・サピエンスの手（左）（原画：笹原富美代）

確立されたものである。大型類人猿の手指の形は、この人類タイプとはまったく異なっている（図3）。拇指対向性は、小指側に向かって広がる細長い形のものを持つ時、いちばん威力を発揮する。その形がぴったりなのはたとえば、骨を割るためのハンマーになる石である。骨を割った後は、霊長類の中で最も厚いエナメル質をもつ臼歯が役に立つ。エナメル質の主成分であるハイドロキシアパタイト結晶は骨よりもはるかに堅いので、表面でゴロゴロ回しながらすり潰してやれば、骨は糊《のり》状になり、楽に飲みこむことができる。

石を持つと手がふさがる。さらに骨をライオンなどの捕食者から逃れて安全に食べるのにも、岩場などの避難場所まで、手で持って移動しなければならない。その結果、「道具をもった類人猿は立ち上が」ったと考えられる（島、2003：227頁）。

骨の栄養は抜群で、カルシウムが多いことは当然として、ブタの肩肉と比べても、タンパク質、脂質ともに多く、鉄分に至っては肉の4～6倍に達する（菅野、1990）。これを食物にしない手はない。

前章で見た類人猿同様に初期人類も、植物の果実や葉や昆虫など様々なものを食べていただろうが、メインとしてはライオンやハイエナが食べ残した骨や、その周りに残っていた肉を食べて生き延びていたのだろう。この主食に果実や昆虫などが加われば、栄養的には十分だったはずだ。こうして初期人類の主食をめぐる論争は、「骨食仮説」によって一応の終止符がうたれたと、私としては考えている。

骨食は、植物の果実や葉、そして昆虫に続く、食物の多様化の道であり、草原が広がるアフリカのサバンナで初期人類が地上生活をしながら生き残るための生命線でもあった。

ホモ・エレクツスの食物について

初期人類のアウストラロピテクス属に続くヒト属は、アウストラロピテクス属に比べて脳容量が大きいことで知られる。もう一つ重要なのは、アウストラロピテクスが体重40kg未満と小柄だったのに対して、ヒト属の祖先が現代の私たちとほとんど変わらない体格に達していたことである。

その代表はホモ・エレクツスであろう。ホモ・エレクツスの時代に、大物哺乳類の狩猟が始まった。ハンドアックスという巨大な石器を手にしたホモ・エレクツスは、自分で狩りができるので、新鮮な肉や内臓を手に入れて食べることができた。

ホモ・エレクツスの肉食を脳容量の増大と結びつけて考えることも十分可能である。新鮮な内臓の中で最も重要な部位は脳であり、これは脂質と長鎖多価不飽和脂肪酸（LC-PUFA）の宝庫である。たとえば、ウシの脳には脂質が10・3％、DHA（ドコサヘキサエン酸）が851mg、ブタの脳には脂質が9・21％、DHAが450mg含まれている〔＊1〕。こうした哺乳類の脳を食べるようになったホモ・エレクツスが、自分の脳を増大させたとしても何も不思議はない。動物は自分が食べるもので、自分をつくり上げるからである。

大きな体格を持ち、ハンドアックスという巨大な石器を手にしたホモ・エレクツスは、陸上の哺乳類の中でもライオンやリカオンと同じように生態系の頂点に位置する「王獣」だっただろう。さらにホモ・エレクツスは先行するアウストラロピテクス属の食性を、その臼歯ともども引き継いでいたので、骨まで食べることができた。先に述べたように骨は栄養の宝庫である。

じつは、これに加えてホモ・エレクツスには重要な食物があったという主張がある。一つは先に触れた「地下貯蔵器官食説」である。ハーバード大学の人類学者リチャード・ランガムによると、ホモ・エレクツスは植物の地下貯蔵器官を煮炊きして食べていたという（Wrangham et al. 1999）。毒物の多い地下貯蔵器官は煮炊きしないと食物にならないので、アウストラロピテクス属の段階では難しかった。しかし、ホモ・エレクツスが火を使ったと想定すれば可能である。

ホモ・エレクツスの「地下貯蔵器官食説」

この初期ヒト属の「地下貯蔵器官食説」論文も『カレント・アンソロポロジー』に掲載され、数多くのコメンテーターが辛辣な批判を浴びせている。コメンテーターの一人であるミシガン大学のローリング・ブレイスは、「料理に火を使った形跡があるのは、20〜30万年前からである」と、200万年前に煮炊きしたというランガムらの主張は事実認識の根底から間違っていると指摘した。

また、カリフォルニア大学のキャサリン・ミルトンは、地下貯蔵器官には多くの有毒物質が含まれているが、それらはランガムらが雑に使っている「クッキング」によって、簡単に除去できるようなものではない、と述べる。たとえば、生の大豆には膵臓《すいぞう》から分泌されるタンパク質分解酵素トリプシンを阻害する物質（トリプシン・インヒビター、あるいはアンチトリプシンとも）が含まれているが、これを働かせないようにするには通常の熱処理だけではダメで、中国人が3000年前に発見した特別な処理が必要になる、と。

さらに彼女は「前半の食物問題は雑だし、後半の性淘汰の話はまったくクリアではない」として「この男たちは消化に悪いものを書いている」とばっさり切り捨てている。すごい議論である。むろん、これに驚くようではハーバード大学の教授はやっていられない。「どうも、コメンテーターの一部は肉食と料理は別の問題だと言いたいようだが、私たちはまったく同意できない。肉を含む食物の調理によって獲得エネルギーは増え、体が大きくなったし、250万年前に始まったアウストラロピテクス属による大型哺乳類の肉食は、それから50万年後のホモ・ハビリスの脳容量の増加に貢献したのである。また料理によって穀物も食べられるようになる」(Wrangham et al. 1999 : 587)と、批判を意に介さない。

そして「地下貯蔵器官の調理のような一時的な火の利用は、後期(上部)旧石器時代のような炉跡を残すはずもない」と開き直り、「ともかく私たちは、今まで人類学者が考えなかったことを指摘したということでよしとできるだろう」と自己弁護する。客観的に見れば、ランガムらの「奇説」はじつは人類学の仮説にはよくあるタイプのものであり、気になる点も多い。しかし、それに対して真っ向から議論し合い、一部始終を記録に残しているところに科学が成り立つ基盤の存在を感じる。議論なし、記録なしの瑞穂《みずほ》の国とは大違いである。

ともあれ、地下貯蔵器官を食べ始めたのがホモ・エレクツスの時代からで、しかもそこには火による調理があったのだ、というこの仮説に対しては、チンパンジーの野外研究からも反論がなされている。

南カリフォルニア大学人類学部のヘルナンデス＝アギラーらの報告によると、タンザニアのサバンナに棲息するチンパンジーは、雨季に植物の根を木の枝で掘って食べる（Hernandez-Aguilar, Moore and Pickering, 2007）。チンパンジーが地下貯蔵器官を利用しているのであれば、アウストラロピテクスやホモ・エレクツスなどが人類型の歯でなければならない理由がなくなってしまう。また、ヒト属の「地下貯蔵器官食説」には、そのような部位を他の食物が得られない時期にフォールバック（非常用）食糧としたという主張が含まれるが、チンパンジーが地下貯蔵器官を利用する時期は他の食物の多い雨季だった。つまり乾期は土があまりにも固くなるため、とても木の枝では掘れないのである。

チンパンジーの掘り棒は、長さ31〜52cm、重さ18〜45gの細い枯れ枝状の樹皮で、チンパンジーはそれを使って5〜15cmの深さの穴を掘っていた。これは現代の狩猟採集民（北部タンザニアのハザ族）が使う掘り棒（長さ136cm、重さ583g）とはまったく異なるものである。現代人の使う木の棒は、乾期のサバンナの固い土も掘ることができるほど大きく、頑丈で、重いものだった。セメントのように固くなった乾燥期の土に対しては、掘るというより突き崩すことが必要で、重さは決定的要素である。ホモ・エレクツスが、そのように掘り棒を使ったとは考えにくい。ヘルナンデス＝アギラーらの野外観察から得られた知見は、地下貯蔵器官論者たちの机上の空論と、多くの点で異なっていた。

ホモ・エレクッスの魚食

「地下貯蔵器官食説」と並んで、もう一つ主張されている食物は魚である。第1章で紹介した、類人猿の時代から魚食があったかもしれないと語るラッソンたちよりも一歩進んで、オランダの考古学者ジョセフィン・ヨールデンたちは「魚食はホモ・エレクッスの時代、200万年前に始まった」と主張している（Joordens et al., 2014）。

ヨールデンたちは、ヒト属がアウストラロピテクス属よりも脳容量が大きい（表2）ことの背景に、脳容量の増大を促す食物の変化があったはずだとして、それを魚食に求めたのだった。彼らが着目したのは、脳を構成する脂質、中でも脳神経の膜構造に使われるDHA（ドコサヘキサエン酸）やEPA（エイコサペンタエン酸）などの長鎖多価不飽和脂肪酸（LC-PUFA）の摂取量だった。これらの不飽和脂肪酸は必須脂肪酸として脳の働きに重要な役割を果たすが、中でもDHAは脳や網膜、そして精液の脂肪酸の主な成分として知られている。

なお長鎖多価不飽和脂肪酸には、オメガ3（ω-3）、オメガ6（ω-6）とオメガ9（ω-9）の系統がある。オメガ9は、オリーブ油やキャノーラ油に含まれるオレイン酸であり、必須脂肪酸ではない。必須脂肪酸は、エゴマ油、魚油、シソ油に含まれるαリノレン酸や、DHAやEPAなどのオメガ3と、コーン油、大豆油や穀物に含まれるリノール酸や、卵・レバーなどに含まれるア

表2　類人猿と人類の脳容量および脳重量の体重比

類人猿種	生存年代	脳容量 cc（幅）	脳重量 g	脳重量の体重割合 %
チンパンジー		394（275–500）	400	0.9
ゴリラ		504（340–750）		
オランウータン		411（275–500）		
アウストラロピテクス属				
アウストラロピテクス・アファレンシス	360万～280万年前	375–500	455	1.7
アウストラロピテクス・アフリカヌス	300万～220万年前	420–450	450	1.0
ヒト属				
ホモ・ハビリス	190万～150万年前	579–612	600	1.7
ホモ・エルガスター	180万～140万年前	795±76		
ホモ・エレクツス	180万～30万年前	844–1250	940	1.6
ホモ・ハイデルベルゲンシス	60万～20万年前	1100–1400	1200	1.8
ホモ・ネアンデルターレンシス	53万～13万年前	1248±148		
	20万～4万年前	1200–1900	1450	1.9
	13万～4万年前	1435±184		
ホモ・サピエンス	10万～1万年前		1490	2.4
	12万～9万年前	1545±27		
	3万5000～2万4000年前	1577±135		
ホモ・サピエンス現在		1200–1900	1350	2.3

ヒト属では脳容量に男女差があり、ネアンデルタールでも平均値でオス1600 cc、メス1300 ccという研究結果もある（ストリンガー&ギャンブル、1997）。ホモ・サピエンスの脳容量は3万年前に比べて減ったことが明らかになっている（2011年2月7日 14:12　AFP発信地：ワシントンD.C.／米国、「人類の脳、3万年で1割縮小 進化か退化か?」）。この記事は3万年前と比べてホモ・サピエンスの脳容量は約10%縮小し、1500㎤から1359㎤になったとし、縮小はテニスボール1個分と計算している。ホモ・サピエンスの脳容量体重比がネアンデルタールより大きいのは、ホモ・サピエンスがネアンデルタールに比べて体重が軽いためである。脳重量と体重比のデータはCunnae & Crawford, 2014より、±はKlein, 2009より。

ラキドン酸などのオメガ6である。

オメガ3とオメガ6が必須脂肪酸と言われるのは、これらの脂肪酸は植物プランクトンや植物では生合成できるが、アラキドン酸以外は人体ではつくることができないため、食物として取り入れる必要があるからだ。そしてこれらの物質は、陸上の動植物に比べると、魚類(淡水魚、海水魚を問わない)の脂質に多く含まれている。これが200万年前という人類進化の早い段階で魚食が行われていたと彼らが主張する理由だった。

ヨールデンたちはさらに進んで、長鎖多価不飽和脂肪酸の量は熱帯の魚よりも、温帯の魚のほうが2～4倍も多いとして(この評価には問題が多いが)、後期人類(ホモ・サピエンスやネアンデルタール)の脳容量の増大は、それらの水域の魚類の摂取に支えられたと主張している。

彼らはその証拠としてアフリカの河川湖沼の魚14種、インド洋サンゴ礁の魚類24種、オランダの湖沼の淡水魚6種、北大西洋の魚類15種の脂質率と、100gあたりのEPA、DHAの量を計測値として一覧にしている。彼らはそれをもとに北大西洋の魚類だけがEPA、DHAが桁外れに高いとしているが、実際はサバとニシンのただ2種が高い数値を示しているだけで、他の魚種のEPA、DHAはそれほど変わりがない(表3)。

たとえば、ナイルナマズは北大西洋のサバにDHAではひけをとらない。また、北洋の魚でも、彼らが取り上げたサバ、ニシン以外のタイセイヨウダラ(タラ科)などを見ると、熱帯の魚である

表3　アフリカと北大西洋および日本の魚の脂質比較

産地	魚種名	脂質(%)	EPA(mg)	DHA (mg)
アフリカ河川	ナイルナマズ	3.4	45	876
インド洋	マトフエフキ	2.0	178	259
	メガネハギ	2.0	126	392
オランダ湖沼	パイクパーチ	0.7	53	158
北大西洋	タイセイヨウダラ	0.5	53	152
	サバ	8.7	788	1107
日本近海	サバ	16.5	1214	1781
日本産	ウナギ	21.3	742	1332

Joordens et al., 2014より、また日本の魚のデータの脂質パーセントは『日本食品標準成分表』より可食部分100gあたりのもので、EPA、DHAは、京都府漁業協同組合のデータを利用した。アフリカ河川とインド洋、オランダ湖沼、北大西洋のデータはいずれもヨールデンたちの論文の一覧表のものだが、ヨールデンたちのデータは可食部分かどうか不明。

インド洋のマトフエフキ（フエフキダイ科）やメガネハギ（モンガラカワハギ科）、またオランダ湖沼の淡水魚であるパイクパーチ（ペルカ科）のそれと、さほど変わらなかった。

ヨールデンたちは200万年前の人類（ホモ・エレクツス）の脳容量の増大と、ネアンデルタールやホモ・サピエンスの脳容量の増大という事実に関して、前者は淡水の魚を、後者は北洋の魚を念頭に置いて多価不飽和脂肪酸の量から説明している。しかし、ネアンデルタールはともかく、ホモ・サピエンスがヨーロッパに入ったのは近々4万年前にすぎない。それまでホモ・サピエンスはアフリカとユーラシア南部にいたのだから、北洋の魚が影響するはずはない。

したがって、魚食が人類進化に影響を与えたのは確かだとしても、それが始まった年代や、その影響の内実がこれで確定されたとは言い難い。

トゥルカナ湖沿岸で日々繰り広げられた大捕り物

もっとも、ホモ・エレクツスが魚食をしていたことは間違いない。195万年前のトゥルカナ湖（ケニア北端、ほぼエチオピアとの国境の湖）の地層から、人類の加工痕がある魚類の骨が確認されているからだ（Braun et al. 2010）。

トゥルカナ湖東岸コービフォーラの人類による陸上哺乳類と水棲動物の解体現場の遺跡で、ウシ科とカバ科および硬骨魚類、ヒレナマズ科、ワニ科、カメ類などの遺物が発掘されている。中でもワニ科とカメ類は突出して多い（同定標本数：ウシ科中型サイズ41、カバ23、硬骨魚類15、ナマズ41に対して、ワニ85、カメ83〔＊2〕）。

ホモ・エレクツスは、第1章で見たオランウータンのように、旱魃《かんばつ》などで沼が干上がって動けなくなった魚を食べただけではない。ヒレナマズ科の魚だけでなく硬骨魚類が確認されていることは、泥の中で身動きが鈍くなった魚だけでなく、泳いでいる魚もとったことを示している。ナマズ類は泥中に潜るが、硬骨魚類の大半は泥の中では見つけることはできないからである。

このホモ・エレクツスが狩猟した動物たちの解体現場近くの遺跡からは、「トゥルカナボーイ」と命名された160万年前のホモ・エレクツスのほぼ完全な骨格が発掘されている。ホモ・エレクツスにとって、この湖畔《こはん》はホームタウンであり、彼らはしっかりと魚をとって食べていたのである。

ただし、トゥルカナ湖畔でのホモ・エレクツスの活動は魚を主に狙ったものではないようだ。陸上哺乳類の他にワニの骨がこれほどに出土するということは、彼らの狩猟活動が大型動物に焦点をあてていたことを物語る。ワニの成体の大きさは200kgを超すが、魚の大きさは、ナイル水系で最も大きくなるナイルパーチでも100kgを超えることは少ない。

つまり、彼らが主に行っていたのは、ワニなどの大型動物を狙った沿岸での狩猟であり、魚をとることを中心に据えた沿岸漁撈ではなかった。したがってホモ・エレクツスについては、仮に魚食を行っていたとしても、それはあくまでも補助的な役割でしかなかったのだろう〔＊3〕。

もちろん、ホモ・エレクツスも飢饉《ききん》の時には沿岸にいる限り魚を探しただろうし、それに頼ることもあったに違いない。しかし、ワニと魚の遺物の量の差は大きく、さらにその重量を考えに入れれば、明らかにワニのほうに食糧としての重要さがある。実際、陸上哺乳類やカバの遺物も多く見つかっており、そこから捕食者、「王獣」としてのホモ・エレクツスの姿が浮かび上がってくる。

ホモ・エレクツスといえども、水中の活動と陸上の活動とでは性質がまったく異なるので、さすがに水中ではワニやカバと対決することはとうていできなかったはずだ。おそらく陸に上がったところを狙ったのであろう。

サメをワニと呼ぶのは、日本古代の言葉だが、サメ漁にはワニ猟と同じほどの危険性が伴う。サメの皮膚は鮫革に加工されるほどの強度をもつが、それは皮膚にエナメル質の「小歯《しょうし》」と呼ばれる無数の細かい歯のような構造物（楯鱗《じゅんりん》、皮歯《ひし》とも）が並んでいるためで、これを貫く短刀は鋭利で、かつ頑丈なものでなくてはならない。

私は現代のインドネシア漁民が行うサメ漁の映像（出所を明かすことはできない）を見たことがあるのだが、それは衝撃的なものだった。釣り上げたサメは尾まで入れれば、ゆうに2mはあっただろう。釣り上げた男は必死でテグスを引っ張ってサメが甲板から海に逃げないようにし、刺し手はサメの頭のすぐ後ろに馬乗りになり、第三の男が尾ビレ近くに坐って、3人がかりでサメを押さえるのだ。

そして刺し手は短刀を手当たり次第に振り下ろし、暴れ回るサメが動かなくなるまでひたすら刺し、切りつけ続ける。その間、釣り上げた男はサメの鋭い歯から逃げながらテグスを引っ張り続け、第三の男は跳ね回る尾から振るい落とされないように踏ん張る。彼らはこの勇壮だが命がけの仕事を毎日行っているという。「ホモ・サピエンスにできないことはない」と思わせるのに十分すぎるほどの光景だった。

ホモ・エレクツスは、この現代のインドネシア人と同じやり方で、ワニを狩猟したのではなかったか。ワニの頭の表面には弾丸さえ跳ね返すと言われる鱗板骨《りんばんこつ》があり、ホモ・サピエンスの力で割ることは不可能である。しかも、コービフォーラの420万〜160万年前の地層に登場するワニは、現代のナイルワニとは別種で、体長10mという驚くほどの大きさのものもいた（Leakey and Askari-Michaels, 1988）。

この大きなワニが営巣しているところに忍び寄り、一人が頭に飛びかかって巨大な石器であたりかまわず殴りつけ、もう一人がそのワニの後半身を押さえつけ、ついに捕獲してしまう――なにしろホモ・エレクツスは、ゴリラ並の握力（500kg）があったと推定され、3kgもある大型石器を自在に使いこなすことができたのだ。160万年前のトゥルカナ湖沿岸では、こうした大捕り物が日々（あるいは頻繁に）繰り広げられていたのだろう。

＊1　DHAのデータは100gあたりの量（Wikipediaより）。ちなみに『四訂日本標準食品成分表』では、ウシの内臓の栄養分析に脳はない。肉食の民族は家畜の脳を食べるが、それは異常でもなんでもない。

＊2　この発掘動物一覧表のカメ（Chelonia）には、問題がある。これが属名だとすればアオウミガメ属であり、ちょっと信じられない。カメ一般を指す英語のChelonianか。

＊3　アジアでは70万年前にはタイのカオパーナム洞窟でカキ殻の堆積があり、ホモ・エレクツスが食用にしていたと考えられている（Pitcher and Lam, 2015）。カキは泥の中のナマズ類よりももっと手軽に入手できる食物であり、アジアに進出したホモ・エレクツスは海岸に出て、これを利用したのだった。

第3章
ネアンデルタールという謎

ホモ・サピエンスとの違い

約200万年前のアフリカ大陸では、ホモ・ハビリスやホモ・エルガスター、ホモ・ルドルフエンシスがヒト属の種として確認されている(図4)。そしてその後、約100万年間はホモ・エレクツスだけが知られており、約80万～40万年前頃にはアフリカとユーラシア大陸でホモ・アンテセッサー、ホモ・ハイデルベルゲンシス、ホモ・ネアンデルターレンシス(ネアンデルタール)などが現れる。

その間もホモ・エレクツスは生存し、数万年前まで生き残っていた。長い生存期間を誇るホモ・エレクツスは、頑丈な骨格と筋肉の塊のような体格をもった大型種で、ライオンやトラにも対抗できる「王獣」として、陸上生態系の頂点に立っていた。このホモ・エレクツスを祖先とした古人類の中で最もよく知られているのがネアンデルタールである。

彼らはホモ・エレクツスのニッチをそのまま引き継いだヨーロッパ種（亜種？）と位置づけることもでき、頑丈な体つきで、大型食肉類と並んで陸上生態系のトップに君臨した。かつてネアンデルタールといえば、野卑《やひ》で貧弱な容貌と、縮こまった体という偏見に満ちた絵で描かれること

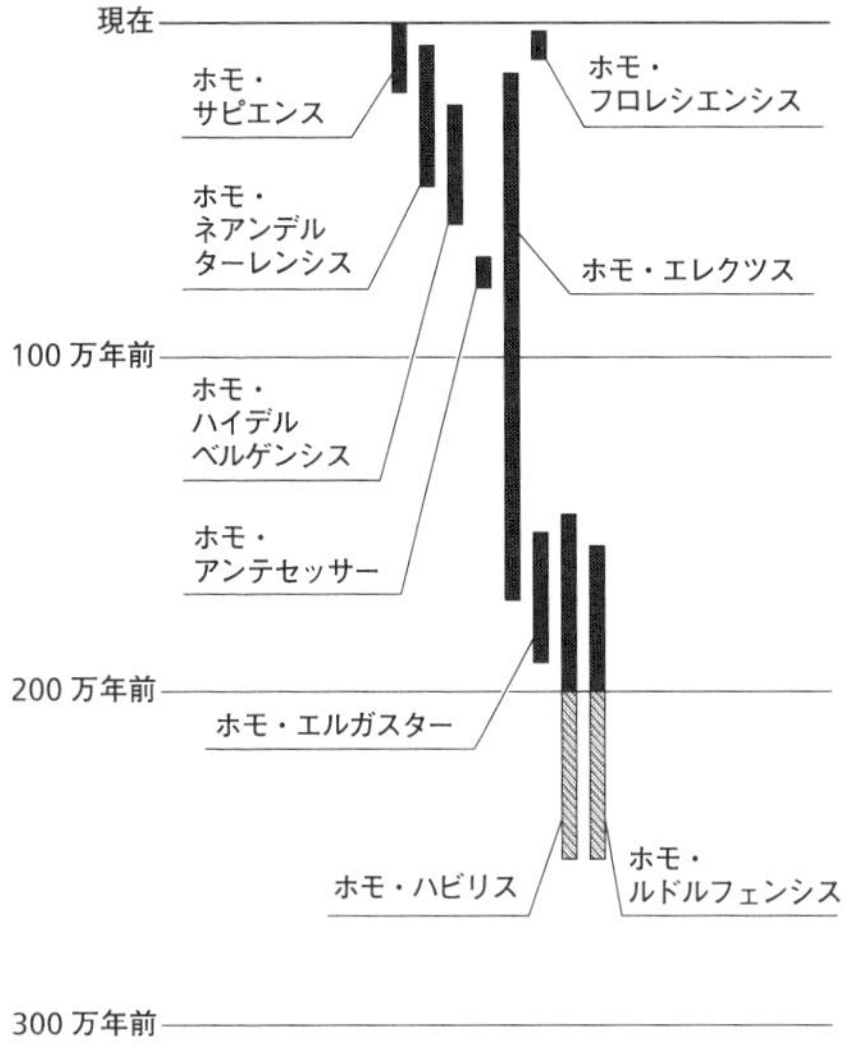

図4　ヒト属の生存年代
ヒト属各種の生存年代の概観がよくわかるが、私見ではホモ・フロレシエンシスは、ホモ・サピエンスの病的矮小化個体群であり、別種とするのは間違いである。またこの図には、約180万年前のジョージアの地層から発掘されたドマニシ人や、約100万年前（80万4000年前または60万年前とも）にネアンデルタールとともに他の人類と分岐し、さらに64万年前（100万年前、あるいは40万年前とも）にネアンデルタールと分岐し、シベリア（ロシア・アルタイ地方）で4万1000年前（ミトコンドリアDNAでは4万8000～3万年前）に生きていたデニソワ人の知見が欠けている（図はWood、2012をもとに作成）。

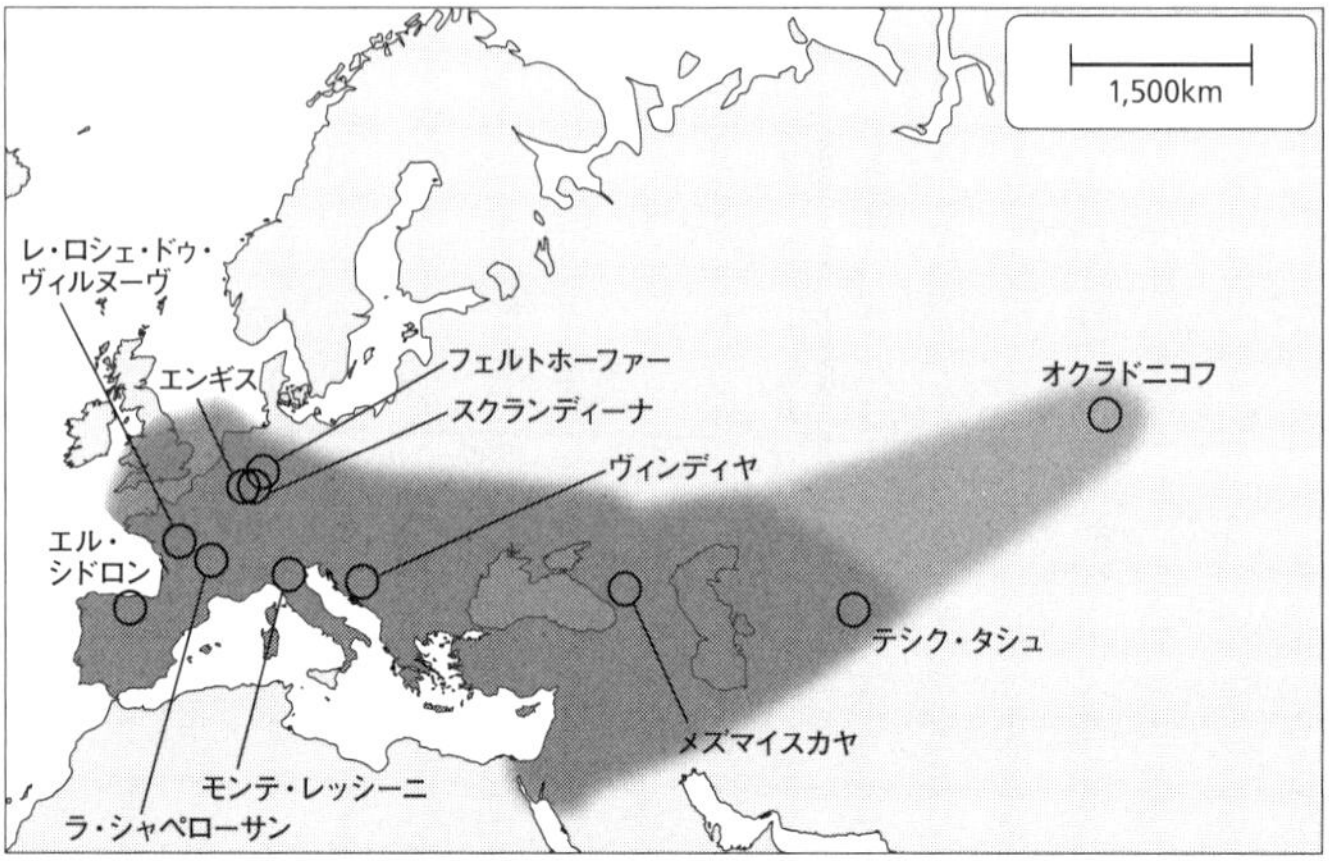

図5　ネアンデルタールの分布域
イギリス諸島の南部からシベリアまで分布している。色の濃い領域は骨が出土した地域、薄い領域は遺伝的に確認された地域を示す（Krause et al., 2007をもとに作成）。

が多かったが、実際の体重はホモ・サピエンスよりも一般に10kg程度重く〔＊1〕、イスラエルのアムッド洞窟から発掘された化石は、身長が178cmもあった。とんだ見当違いである。

ネアンデルタールの分布域（図5）は中近東からヨーロッパ全域と黒海周辺であり、アフリカからユーラシア大陸の残りにはホモ・エレクツスが分布していたが、この分布構造を動物学的に説明するのは、かなり難しい。同じ属の哺乳類でアフリカとヨーロッパに別種が分布する例が見当たらないのである。大型食肉類でアフリカからユーラシア大陸に分布するものには、ヒョウとライオンとハイエナがいるが、いずれも同じ種である。面白いことにこれらのどの種も、ネアンデルタールとともにヨーロッパでは最終氷期を生き残ることはできなかった。

なぜネアンデルタールの分布域が、他の大型食肉類のそれと異なっていたのか。ヒト属の分類が細分化されていて他の大型食肉類の分布構造と一致しないためか（つまりホモ・エレクツスとネアンデルタールは他の大型食肉類のように同じ種として扱うほうがよいのか）、それともヒト属の分布構造がことさら特殊であるためか。即断は難しいが、手掛かりはある。ネアンデルタールは生物学的な時間の単位ではごく最近の2万8000年前まで生存し、多くの遺物を残しているからだ。

そのため、ホモ・エレクツスでは遺跡に残された石器や骨から、その生態を類推できるだけだったが、ネアンデルタールに関してはより深く生物学的に研究することができる。ネアンデルタールと、ホモ・エレクツスと同じ分布域の私たちホモ・サピエンスとの比較から、次の五つの生物学的な違いを挙げることができる。

①歯のエナメル質の成長が、ホモ・サピエンスよりも早かった。
②子どもの頃の頭と顔の発達が、ホモ・サピエンスだけでなくチンパンジーと比べても早かった。
③ミトコンドリアDNA分析では、ホモ・サピエンスとは明らかに別種であり、生殖的な隔離がかなり長期にわたっていた。
④甲状腺ホルモンによる骨のターンオーバー〔*2〕が犬や猫のような食肉類と同じ12〜13時間

であり、ホモ・サピエンスの7日に比べると極めて短かった(Venturi and Bégin, 2010)。
⑤骨の炭素と窒素の同位体比の値が、ホラアナライオン、オオカミ、ハイエナと同じで、彼らと同じような哺乳類を狩猟していたことを示していた(Bocherens, 2009)。

これらの事実からネアンデルタールが、ホモ・エレクツスの直系として頑丈な体格と同様のニッチをもっていたが、ホモ・サピエンスとはかなり異なった生理をもち、異なったニッチを占める動物だったことがわかる。

これに対して、ネアンデルタールをホモ・エレクツスと種レベルで分ける基準は、両方の遺伝的情報と生理的情報が限られているので、ごく曖昧である。動物地理学上からは、ネアンデルタールとホモ・エレクツスは他の食肉獣とはまったく異なった特有の分布構造を示しているのではなく、生態系のトップに立つごく似通ったニッチを占める捕食者タイプの霊長類として、生態的にはネアンデルタールはホモ・エレクツスの地域的亜種とするほうがよいと、私は考えている。

接近戦でマンモスを仕留める

典型的なネアンデルタール(クラシック・ネアンデルタール)は、12万年前から3万9000年前

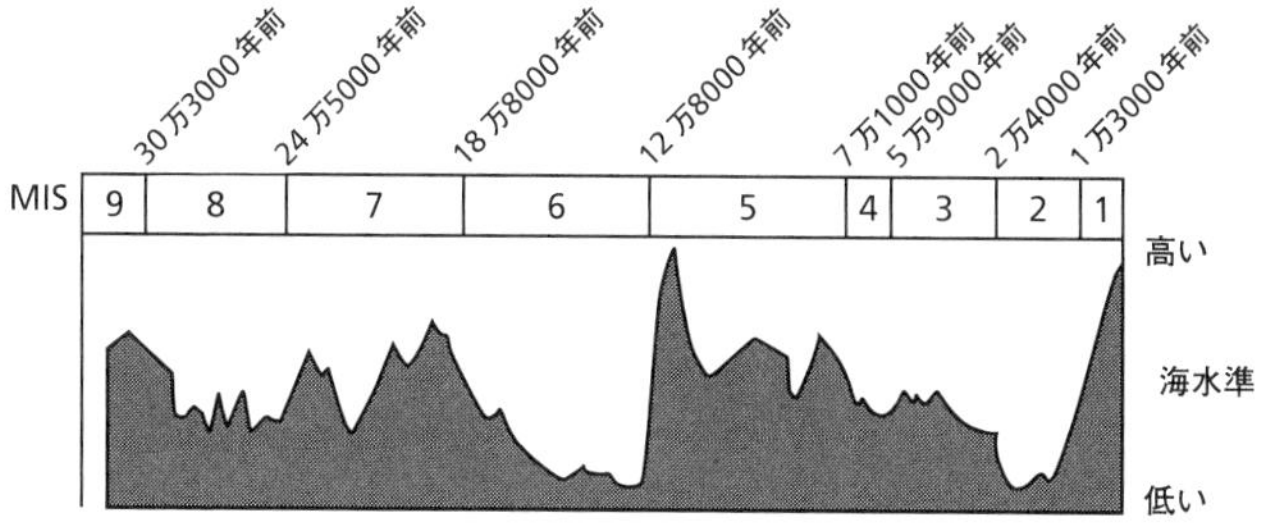

図6　ネアンデルタールの生存時代の気候
ネアンデルタールは最終氷期(11万7000年前から)末の最寒冷期の前、MIS3(Marine oxygen Isotope Stage／海洋酸素同位体ステージ：5万9000～2万4000年前)に絶滅している。MIS2(2万4000～1万3000年前)は最終氷期終末期でもっとも寒冷だったが、ネアンデルタールの絶滅はこの最寒冷期の前だった(ストリンガー&ギャンブル、1997をもとに作成)。

まで生存していたが、この全期間を通じて、地域や環境(図6)が変わっても彼らの主な食物はまったく変わっていない。

その対象は、体重300kgのノウマや200kgのアカシカ、600~800kgのオーロックス(原種の野生牛)、1000kgを超すケブカサイやマンモスといった陸上の中型・大型草食獣だった。

ハイエナの食物と比較してみよう(図7)。たとえば、西フランスとベルギーのネアンデルタールはマンモスやケブカサイを食べていたが、同じ場所でハイエナは体重100kg前後のトナカイを主に食べていた。南フランスのサン・セザール遺跡の3万6000年前の骨を用いたコラーゲンの同位体分析の比較研究でも、ネアンデルタールはサイやマンモスを食べており、ハイエナはネアンデルタールがほとんど食べないトナカイを食べていた。一方、同じ程度食べていたのはウシ科

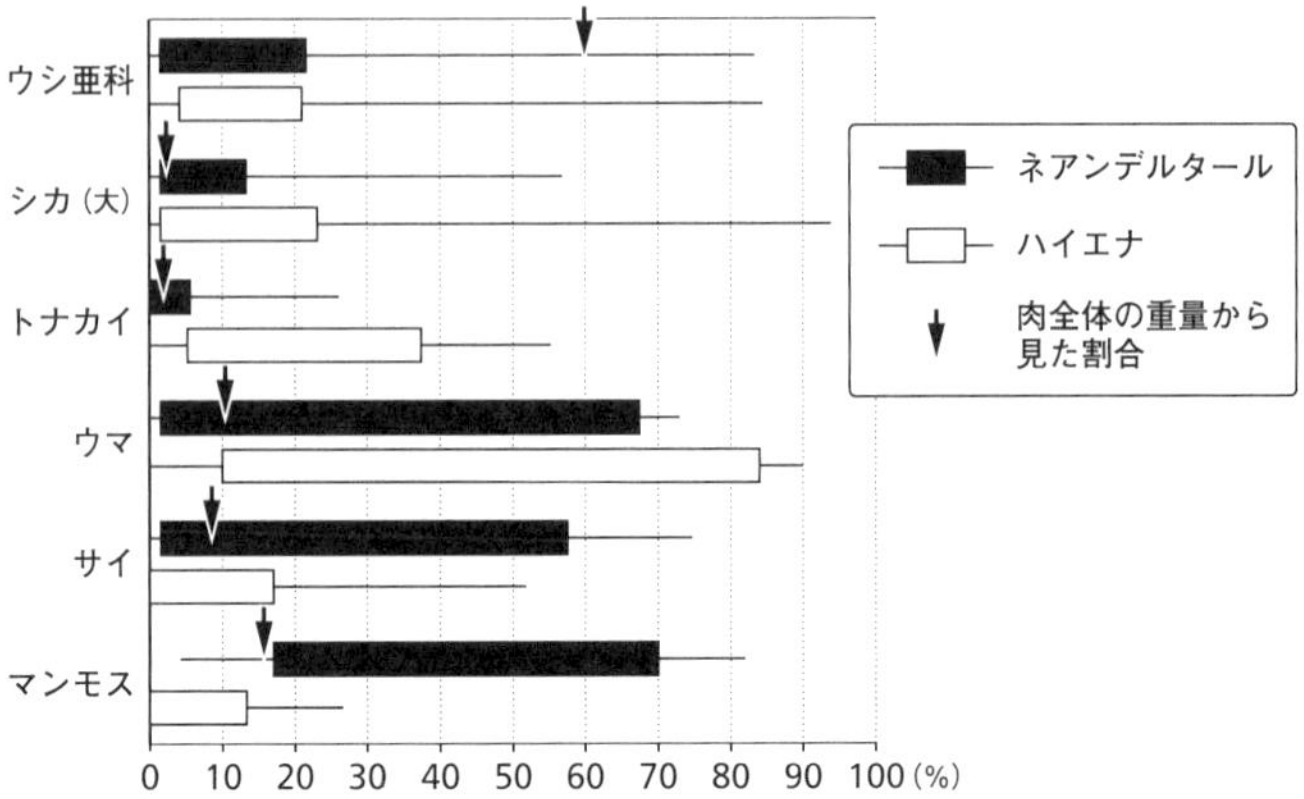

図7　ネアンデルタールとハイエナの食物比較
縦軸は食糧となった大型動物名、横軸はその動物種をとった割合(各遺跡での割合の最大最小を線、平均を棒グラフで示す)で、矢印はネアンデルタールがとった肉全体の重量から見たそれぞれの種の割合を示す。当時のヨーロッパのホラアナハイエナは、現生のハイエナ科の中でもっとも大きいブチハイエナと同じほどの大きさ(55 ~ 85kg)だった(Bocherens, 2009をもとに作成)。

とウマ科の動物だった(Bocherens, 2009)。つまりネアンデルタールはハイエナよりも大型の草食獣を狙って狩猟しており、大型食肉類と同じような狩猟を行っていた。

　ネアンデルタールの中大型草食獣の狩猟がどのように行われたかは、人類学の関心の焦点の一つだった。とりわけ「ネアンデルタール型パワーグリップ」(Trinkaus, 1992)と呼ばれるほど強力な握力の手で握るサイドスクレーパー(ナイフ)の他に、石の穂先をつけた槍を使ったかどうかは議論の分かれるところである。しかし、ネアンデルタールが槍を使ったとしても、その腕の骨の形から投げ槍としては使わなかっただろうということは、人類学上の共通認識になっている。

投げ槍を使わなかったとしたら、ネアンデルタールは接近戦で数百kgのノウマや1トン近くあったオーロックス（ウシ）、そればかりかマンモスやケブカサイといった1トンを優に超える大物を仕留めていたことになる。それをどのように行っていたか、想像もつかないが極めて危険だったのは間違いない。

ネアンデルタールの骨には多くのケガの痕があるが、ニュー・メキシコ大学のトーマス・ベルガーとエリック・トリンカウスは、それを北アメリカの裸馬や牛に乗るパフォーマンスを行うロデオ・ライダー（カウボーイ）のケガと比較して、ネアンデルタールの「ロデオ・ライダー仮説」として提出した（Berger and Trinkaus, 1995）。ネアンデルタールとロデオ・ライダーのケガには、頭と首に集中しているという共通点があった。野生のウマやウシはおろか、ケブカサイやマンモスにもまたがるネアンデルタールの姿が想像されるようになったのは、この仮説の影響であろう〔＊3〕。

ネアンデルタールについてさらに驚かされるのは、ライオンなどの大型食肉類も捕食していたことである（Conard and Prindiville, 2000）。ドイツのラインラント地方のネアンデルタール遺跡から出土した哺乳類の骨の中には、かなりの数のライオンやハイエナなど肉食動物が含まれていた。この地方のヴァラートハイム遺跡の一つの地層では、ウシの骨よりもライオンの骨のほうが数も重量も多かったくらいである。これはネアンデルタールが陸上生態系のトップにいたことを示す、文句なしの証拠と言っていい。

しかし、最近になって発掘がより精密になり、また同位元素による骨の解析が進んだことで、彼らが肉だけでなく、魚も食べたという報告が散見されるようになった。

ネアンデルタールの海岸生活

過去の動物が摂取した食物を、遺跡に遺された骨のコラーゲンの窒素と炭素の同位元素の割合によって明らかにしようとする研究は、20世紀後半から始まった。さらに最近では骨の構成物質であるハイドロキシアパタイトに含まれるカルシウム対ストロンチウム、カルシウム対バリウムの割合を分析することによって、ネアンデルタールの食物における植物や水棲動物（魚貝やアザラシなど）の割合を調べる研究が始められている。

南フランスの海岸に近いサン・セザール遺跡の出土物について行われた研究では、植物食の割合はほぼゼロだったが、魚食の割合は30％に達したと報告されている（Balter and Simon, 2006）。しかし、この分析結果はこの遺跡の動物遺骨の割合とは正反対で、遺骨の割合はトナカイを除くウシ科動物58％、ウマとサイ（奇蹄類）22％、トナカイ13％、マンモス7％となっていて、魚はまったく含まれていなかった。

写真5　ジブラルタルの断崖にあるふたつの洞窟遺跡
丸囲みは現在の建物。また左上の写真はジブラルタル半島の全景（Stringer et al., 2008より）。

この研究結果は、遺跡の考古学的な成果と矛盾していた。また植物食は霊長類の常としてその食物の中に含まれていて当然だけれども、この研究はそもそも植物食を否定しているなど、様々な問題があった。だがネアンデルタールの食性について、これまで以上に詳細な研究が必要であることを示した意味で画期的だった。

実際、バルターらの魚食の指摘は、ジブラルタルの遺跡において、ネアンデルタールによる魚貝や海棲哺乳動物の利用が確認されたことで、考古学的資料からも証拠立てられることになった(Stringer et al., 2008)。

ジブラルタルは地中海の出口を扼《やく》する海峡に面した絶景の地であり、そこにゴーハム洞窟とヴァンガード洞窟がある(写真5)。両洞窟にネアンデルタールが住んでいたが、ゴーハム洞窟にはネアンンデルタールの後にホモ・サピエンスが住んだ。そのためゴーハム洞窟の地層の第4層にはネアンデルタールの、第3層にはホモ・サピエンスの住居跡があり、そこに遺された骨を分析して同じ場所における両種の食生活を再現することができる。

ゴーハム洞窟遺跡は12万年前から始まっているが、ストリンガーらが発掘したのは、3万3000～2万4000年前の地層であり、ヴァンガード洞窟遺跡では4万2000年前の地層だった(Fiorenza et al. 2015)。ヴァンガード洞窟の海洋性動物遺物は、マイルカ、ハンドウイルカ(以上マイルカ科)、チチュウカイモンクアザラシ(アザラシ科)、ホワイトシーブリーム(タイ科、サーゴとも)および貝類である。食物遺物の中で最も割合が高いのは貝類で17・4%、次がヤギ亜科のアイベックス14・2%、そしてアカシカ4・7%と続く。魚の骨は一つだけ(0・1%)しか見つかっていない。

一方のゴーハム洞窟には、そもそも貝類の記録がない。魚の骨もネアンデルタールの層で二つ、ホモ・サピエンスの層で四つと、全遺物数1757個のうちごくわずかである。そして海洋性哺乳類は、アザラシがネアンデルタールの層とホモ・サピエンスの層でそれぞれ一つだけしかなく、ヴァンガード洞窟で確認されているイルカ科はどちらの層でも見られない。

ゴーハム洞窟とヴァンガード洞窟は並んでいるといってもよい距離にある。それなのに、片方には貝類があって、片方にはない。魚類もほとんどなく、しかもホモ・サピエンスの層にさえない。海洋性哺乳類も同様である。こうしたことがありうるだろうか。

「ホモ・サピエンスの層にさえ」と言ったのは、他のどのヨーロッパの遺跡でもホモ・サピエンスの場合は利用できるかぎり魚類を利用しているからだ。しかし、ここではまるで「ネアンデルタールと歩調を揃えました」という様子で、ほとんど利用していないことにされている。

食用というより装飾用に使われた鳥類

この遺跡の動物遺物から、ストリンガーたちはネアンデルタールとホモ・サピエンスが「同じような狩猟と食糧」であったと結論しており、明らかに偏りのある遺物なので不思議だった。しかし、彼らの論文の第四表を計算しなおしてみて、ゴーハム洞窟における出土物の割合計算がおかしいことに気がついた。

彼らは、分類群や種名が確認された遺物と、同定されなかったものを一緒にして、しかも第4層と第3層をまとめた合計を母数に、各動物群の割合を示していたのだ。だから、ネアンデルタールの層で最も多かったウサギ科がわずか8％にとどまっている。このやり方では、ネアンデルタールとホモ・サピエンスの食物のうち種名が特定できた動物の割合がまったくわからなくなってしまうし、ネアンデルタールとホモ・サピエンスの間の違いもぼんやりとしてしまう。そのため両者の狩猟活動も食糧も同じという評価が生まれてしまったのではないか。

そこで、同定できた骨のみをネアンデルタールとホモ・サピエンスのものに分け、動物群の割合を計算しなおすと、次のようになった。ネアンデルタールの層では割合が高い順にウサギ科41・2%、鳥類32・9%、シカ科7・9%、ハイエナ科5・6%、ヤギ亜科5・3%であり、魚類は0・6%だった。ホモ・サピエンスの層はウサギ科66・7%、シカ科12・8%、鳥類8%、ヤギ亜科（ウシ科）6・3%で、魚類は0・5%である。

ホモ・サピエンスの層で魚がほとんど出てこないという問題は解決していないし、またホモ・サピエンスではシカ科が全体の1割以上を占めているのに対して、ネアンデルタールではその割合がやや低く、他の遺跡の結果が示すようなネアンデルタールの姿とは異なることなど、疑問は残るものの、この結果から見えてくることもある。

それは、ネアンデルタールの層ではシカ科より鳥類が多く、ホモ・サピエンスの層にはないハイエナ科があって、しかもそれがヤギ亜科より多い、ということである。こうしたことを総合的に考えると、ネアンデルタールとホモ・サピエンスが「同じような狩猟と食糧」だったとするストリンガーらの評価は、やはり無理があると言わざるを得ない。

なお、ここで言う鳥類とは、猛禽《もうきん》類とカラス科（Finlayson et al. 2012）のことで、遺物の数はゴーハム洞窟のほうが圧倒的に多い（486個だが、総数がわかっているだけで、それがネアンデルタールの層なのか、ホモ・サピエンスの層なのかはわからない)。一方、ヴァンガード洞窟で出土した鳥類の遺物(91個)は、高原棲のベニハシガラス、シロエリハゲワシ、ニシコクマルガラスで3位までを占め、この他にオオタカ、チョウゲンボウなどが確認されており、これらの種が鳥類遺物全体に占める割合はゴーハム洞窟でも多かった。これらは食用というより装飾用に使われたと考えられており、ネアンデルタールの感覚がホモ・サピエンスに近いことを示す証拠とされている。

見つからない魚食の痕跡

今見てきたジブラルタルの遺跡を除けば、ネアンデルタールが魚貝類を食べたという証拠は、非常に少ない。たとえばオランダのロッテルダムの沖合15kmの場所——氷河期にはイギリス諸島へとつながる陸地であり、海や水辺にごく近かった——から引き揚げられたネアンデルタールの骨の窒素、炭素同位元素の分析が行われた時も、魚食の痕跡は見つからなかった(Hublin et al. 2009)。

しかし、魚食の証拠が少ないのは、ネアンデルタールの食性についての詳細な調査が行われてこなかったためではないか、という指摘もある(Hardy and Moncel, 2011)。これまでネアンデルタールが魚をとらない、あるいは食べないとされてきたのは、魚食の痕跡を発見するのが難しいことと、痕跡が見つかったとしても魚食がホモ・サピエンスの特性だとされて無視されてきたためである、と。

そして証拠として、南フランス、ローヌ川流域のペイル洞窟遺跡から発掘された石器の使用痕や付着物——特徴のある櫛状（ティーノイド）の鱗（櫛鱗《しつりん》）から、その魚はスズキ（たぶんスズキ目ペルカ科のヨーロピアンパーチ）とされている——を挙げている。

石器の使用痕と鱗一つからネアンデルタールの魚食についての議論を展開する細密なアプローチには恐れ入るが、ネアンデルタールが魚を利用してきた痕跡は、スペインのミラン、アルマダとアブレダ洞窟、フランスのグロット、ポーランドのラジ洞窟、イタリアのグロッタ・マジョーレ、シベリアのウス＝カンスカヤ洞窟、ジブラルタルのデビルス・タワーとヴァンガード洞窟、ポルトガルのフィゲイラ・ブラバ洞窟などでも確認できるのだという。

ネアンデルタールの絶滅

ネアンデルタールがなぜ滅んだのかは、人類学における論争の一つで、じつに無数の議論がなされている。彼らがいつ滅んだのかについては、近年、年代測定技術の精度が上がったことで、絶滅年代が4万1000年前から3万9000年前の間であり、ホモ・サピエンスと生存が重複した期間も２６００年から５４００年間であると推定されるようになった（Higham et al., 2014）。これはイギリス・オックスフォード大学の年代測定の専門家であるトム・ハイガムを中心に37の研究機関（イギリス、アイルランド、フランス、ドイツ、ベルギー、イタリア、スペイン、アメリカ合衆国、イスラエル、カナダの研究機関）が共同で行った研究の成果である。

彼らはこの絶滅に、４万年前（国立天文台編『理科年表』では３万６０００～７０００年前）のイタリアのカンパニア火山群噴火が関連しているかもしれないとしている。この時の火山灰噴出量は５００㎦に達したが、これは日本の旧石器時代に起きた鹿児島県・始良《あいら》カルデラ大噴火（ＡＴ噴火：２万９０００～２万６０００年前）と同規模であり、日本ではこの噴火後からホモ・サピエンスより前の人類（ホモ・ハイデルベルゲンシス？）がつくった大型石器が見られなくなる（竹岡、２０１１）。

しかし、ジブラルタルではネアンデルタールが２万８０００年前（２万４５００年前とも）まで生存していた痕跡が見つかっており、いくつかの避難場所では３万年前以降も生き残っていた。注目すべきは、彼らの絶滅年代が２万４０００年前に始まる最も寒冷な時代に入る前だということである。つまりホモ・サピエンスはネアンデルタールを一掃した寒冷期よりも、さらに寒冷な時代を生き残ったのだった。

このような最終氷期の最盛期前でのネアンデルタールの絶滅は、生き残ったホモ・サピエンスとのニッチの違いを示していると考えられる。たとえば、４万２０００～２万７０００年前のルーマニア南西部のオアズ遺跡では、ホモ・サピエンスは水域（海と淡水の）の魚を多く食べていたが、この地域は最後のネアンデルタールの生息場所の一つであり、またヨーロッパで最も古いホモ・サピエンスの遺跡（4万2000〜2万7000年前）の一つだった。ここでは両種が共存した期間があったが、陸上哺乳類を捕食する「トップレベルの食肉獣」であったネアンデルタールと、ホモ・サピエンスの食物利用様式は明らかに違っていた。

ここでの炭素と窒素の同位元素の分析が明らかにしたホモ・サピエンスの食物は、水域の動物（サケなど）を食べるヒグマのような雑食タイプの食肉類と変わらないものだった（Richards and Trinkaus, 2009）。もっとも、この分析方法では果実や地下茎などの利用はわからないし、ネアンデルタールが季節的に魚貝などを食べていたとしても検知できないので、食性の差を完全に示すとは言えない。

最終氷期に追い詰められた陸の王者

それでもネアンデルタールとホモ・サピエンスとの差は明らかである。すなわちネアンデルタールが本質的に中大型哺乳類の捕食者であったのに対して、ホモ・サピエンスはそれらだけでなく魚貝類や鳥などの小型動物まで幅広く食物とした。

2010年以降に発表されたイベリア半島・地中海沿岸地方のネアンデルタール遺跡の研究によってネアンデルタールの植物食が確認されたことで、彼らの食性が従来考えられていたより幅があることがわかってきた(Salazar-Garcia et al., 2013)。しかし、イベリア半島を含めたヨーロッパのどの地域でもネアンデルタールは温暖で湿潤な環境を選び、中大型哺乳類(ウシ科、ウマ科、シカ科)を捕食しており、ホモ・サピエンスに比べると主食の幅が狭かったことは確実である。こうしたネアンデルタールが最終氷期の寒冷気候の深刻化と大型獣の減少によってヨーロッパ大陸の南岸にまで追いつめられた時、彼らがそこでいくらかの魚を食べたとしても、陸の王者であった栄光は貶《おとし》められるものではない。

陸の王者であったネアンデルタールは独自の道を歩き、ヨーロッパに固有の世界を開いたものの、最終氷期の最寒冷期を前に絶滅した。ネアンデルタールの人口がその全生存期間中で5000人から7万人(Bocquet-Appel and Degioanni, 2013:彼らの2005年の論文の推定4400〜5900人から変更)だったのに対して、ホモ・サピエンスはネアンデルタールが絶滅した後の最終氷期の最寒冷期(2万2000〜1万9000年前)に200万〜300万人(Gautney and Holiday, 2015)だったと推定されている。これは全世界の人口推定だが、ヨーロッパだけでもホモ・サピエンスはネアンデルタールの10倍の人口があったという推定もある。

ホモ・サピエンスの食性はヒグマと似ているが、ヨーロッパで最終氷期を生き残った大型食肉類はそのヒグマだけで、これを「ベアーケース」〔＊4〕と呼ぶ（Hublin and Roebroeks, 2009）。そして、そのクマとほとんど同じ食性をもつホモ・サピエンスもまた最終氷期を生き残ることができた。この特殊な食性は、やがて私たちを大拡散の旅へと誘っていくのだが、そのことについては後の章で改めて述べることにしたい。

＊1　13万年前から5万年前までのネアンデルタールの女性9人、男性17人、9万8000年前から2万年前までのホモ・サピエンスの女性15人、男性24人の体重推定結果から見ると、ネアンデルタール女性の平均体重は66・4kg、男性は77・6kgであり、ホモ・サピエンスでは女性59・2kg、男性68・5kgだった（Froehle and Churchill, 2009）。これらは本来各地域、気候ごとにサンプルを分類して比較すべきだが、データの絶対量が少ないので、おおよその傾向を知ることができるだけである。それでも、雌に対する雄の体重比はホモ・サピエンス（1・16）とネアンデルタール（1・17）の性差はほとんど同じで、体重はどちらの場合もネアンデルタールが重い。重要なことは、この体重差から必要とする基礎代謝の熱量が計算できることで、ホモ・サピエンスはネアンデルタールより温度差でマイナス10℃寒くても耐えられる、という。ネアンデルタールがヨーロッパの温暖で湿潤な気候を選んでいた理由がよくわかる。

＊2　骨の生成と吸収（破壊）を骨のターンオーバーといい、これを甲状腺ホルモンが促進している。

＊3　のちにトリンカウスは、このあまりにも有名になりすぎた仮説に若干の修正を加えた（Trikaus, 2012）。1995年以降蓄積されてきた骨折のデータが、中期旧石器時代の武器の限界のために起こった傷害は

至近距離での襲撃という狩猟方法だけではない多くの要因を示しているとし、「ロデオ・ライダー仮説」に代わる説明も考えなくてはならないと議論を呼びかけている。この仮説再考には、ネアンデルタールと同時代の後期旧石器時代のホモ・サピエンスの骨折データの蓄積があり、その結果はネアンデルタールと同じように頭部と首の骨折例が多かったのである。

＊4　ネアンデルタールのような遺伝的多様性の低さは、高緯度地域の大型捕食獣にはよくあるケースだが、クマはその例外である。ヨーロッパのクマは、最終氷期最寒冷期のあと、スペインと東ヨーロッパの二つの個体群がスカンジナビアで出会って遺伝的多様性を高めたと解釈されている。これに対して、大型食肉獣のヨーロッパサーベルタイガー、ライオン、ハイエナなどはヨーロッパに生存を維持するに足る適当な個体群を残すことができずに絶滅した。ネアンデルタールは後者の例であり、ホモ・サピエンスはクマのケースに対応する。本文で述べたように、この時代のホモ・サピエンスは、食性上クマに似ていると分析され、このことが生存率を高めたと考えられる。

第4章 ホモ・サピエンスにとって魚食とは何か

ホモ・サピエンスの出現年代

ホモ・サピエンスの骨格は、ホモ・エレクツスやネアンデルタールとまったく異なっている。骨そのものが華奢なのだ。従来、その華奢さによる不利益は、大型化した脳で補われたと説明されてきた。だが、ホモ・エレクツスと同じくらい頑丈な体格のネアンデルタールが、ホモ・サピエンスと同等か、それ以上の大きさの脳を持っていたことが明らかになり（表2参照）、ホモ・サピエンスだけが大きな脳で生存に成功したという説明は、もはや根拠をもたなくなった。

華奢な骨格と大きな脳に加え、ホモ・サピエンスは他の哺乳類にはあまり例のない特別な皮膚をしている。毛皮に覆われておらず、いわば裸なのだ。厳しい環境での生存に適しているとはいとうてい思えないこの体で、私たちの先祖はいったいどのように生きながらえたのか。それこそは謎の中の謎と言っていい。だが、問題の核心へと迫っていく前に、いま明らかになっているホモ・サピエンスの起源をまずは確認しておこう。

2003年、カリフォルニア大学のティム・ホワイトらのチームはエチオピアのヘルト（ミドル・アワシュ）で16万〜15万4000年前のホモ・サピエンスの頭蓋骨三つを石器とともに発掘した（White et al., 2003）。これは、大人の男2人と子ども1人のかなり完全な頭蓋骨であり、「ホモ・サピエンス・イダルトゥ（長老）」と命名された。また、1967年にケニア国立博物館のリチャード・リーキーのチームによってエチオピアで発掘された「オモ1号」は、2005年に19万5000年前の化石と年代測定された（McDougall et al., 2005）。

こうして、ホモ・サピエンスの出現年代が20万年前のアフリカであるといったんは確実になったのだが、学問は無限に続く事実への接近であるという真理を、2017年の発掘報告は、もう一度示してくれた。ドイツのマックス・プランク進化人類学研究所のジャン＝ジャック・ユブランが科学雑誌『ネイチャー』に、モロッコのジェベル・イルード遺跡から発掘した人類の化石はホモ・サピエンスのものであり、その年代は35万〜30万年前のものであったと報告したのだ（Hublin et al., 2017）。

モロッコの頭骨は何を示しているのか

この化石情報ほど、最近の人類学を面白くしたものはない。彼らの発見は、二つの点で重要であった。

第一に、ホモ・サピエンスは35万年かそれ以前にホモ・ハイデルベルゲンシスかホモ・エレクツスのグループからネアンデルタールと分岐してアフリカで誕生した、という人類学上の定説に事実の裏づけを与えたことである。さらにユブランらは、最も古いホモ・サピエンスの頭骨が北アフリカのモロッコで発掘されたという事実は、ホモ・サピエンスの起源地が「アフリカのどこか」(例えば北アフリカ)ではなく、「アフリカ全体」であることを示していると主張した。いわゆる「パン・アフリカ起源説」である。この主張は重要なので、後でもう一度触れることにしよう。

第二に、ホモ・サピエンスの文化的発展は、4万〜5万年前にヨーロッパに初めて入ったホモ・サピエンス(クロマニヨン)が一気に、いわば「文化革命」のように後期旧石器文化(オーリニャック文化)をもたらしたのではなく、アフリカ全体で30万年前から蓄積されてきたものであるという、コネチカット大学のサリ・マクブリーティーとワシントン大学のアリソン・ブルックスによる先見の明のある結論(McBreaty and Brooks, 2000)を、事実によって証明したことである。

マクブリーティーとブルックスはアフリカ各地で見られた、ホモ・サピエンスの文化的特徴とされる彩色や石刃などをリストアップしたが、その一覧によると石刃はアフリカのカプスリン（ケニア）で28万年前、ガデモッタ（エチオピア）で23万年以上前（その後、26万7000年前に）のものとされている。この石刃に何の意味があるのか。ガデモッタの再調査に加わったバークレー地質年代学センターのポール・レンネ所長は、「牛に曳《ひ》かせる荷車から自動車へ移行したようなものだ」という（上領、2012）。

石刃という、ナイフのような刃をつけた小型石器が、従来の石器と比べ、「牛に曳かせる荷車から自動車」ほどに革新的である理由は、それが黒曜石からつくり出されるからである。黒曜石は火山でつくられる天然のガラスであり、割れた刃は現在でも外科のメスに使われることがある。つまり、天然のセラミック・ナイフである。黒曜石はガラスなので、刃をつくろうとして、他の石器をただ打ち当ててもこなごなになってしまう。黒曜石を計画した通りに成形するには、シカの角のような弾力性のある素材をクッションにして、原石から叩き出す必要がある。このようにそれまでにない新技法でつくられるからこそ、「牛に曳かせる荷車と自動車の違い」とまで評価されるわけである。

最近、エチオピアの遺跡から27万9000年前の投げ槍の穂先（尖頭器）とされる黒曜石が発掘されたが、これは素材が黒曜石であることに加えて、木の棒に固着するという技術も加わっているので、さらに難易度が高い。従来、投げ槍は8万年前に初めて現れるホモ・サピエンス特有の技術であると説明されてきたが、これほど古い時代から投げ槍が使われていたという事実は、ホモ・サピエンスがその出現の時から後になって確認された一連の技術・能力を持っていた証拠である。

マクブリーティーとブルックスのアイデアは、じつに綿密に集められた事実資料によるものだったが、古いホモ・サピエンスの人骨の化石証拠がなかったこともあり、ホモ・サピエンスに特有の技術群が4万〜5万年前にヨーロッパに入った一団によって開発されたと思いたいヨーロッパ偏重の人類学者たちは、それらの技術が30万年以上も前からアフリカのあちこちで少しずつ蓄積されていたものだという事実を頑として受け入れようとしなかった。ごく古い時代の「文化的活動」がアフリカ各地で確認されていたにもかかわらず、その担い手が存在しない、としてきたのである。

だが、ユブランらのモロッコにおけるホモ・サピエンスの頭骨の発見によって、その担い手の存在がついに明らかになったのだ。

ホモ・サピエンス誕生時代の気候と生物多様性

ホモ・サピエンスが出現した当時の35万年前から20万年前のアフリカはどんな環境だったのだ

ろうか。100万年前以降、人類の歴史は10万年単位で繰り返す氷期と間氷期の中で営まれてきた（図8）。ホモ・サピエンスが出現した時期をその中に当てはめると、MIS（海洋酸素同位体ステージ）11の42万3000年前から始まる温暖期となる。

この温暖期はMIS10の比較的短期間の寒冷期（2万2000年間）を挟んで30万年前まで続いたが、この時期にホモ・ヘルメイ（オッペンハイマー、2007によれば。ただしKlein, 2009によれば前ネアンデルタール、Wood, 2012によればホモ・ハイデルベルゲンシスとされる。図4参照）が出現し、ヨーロ

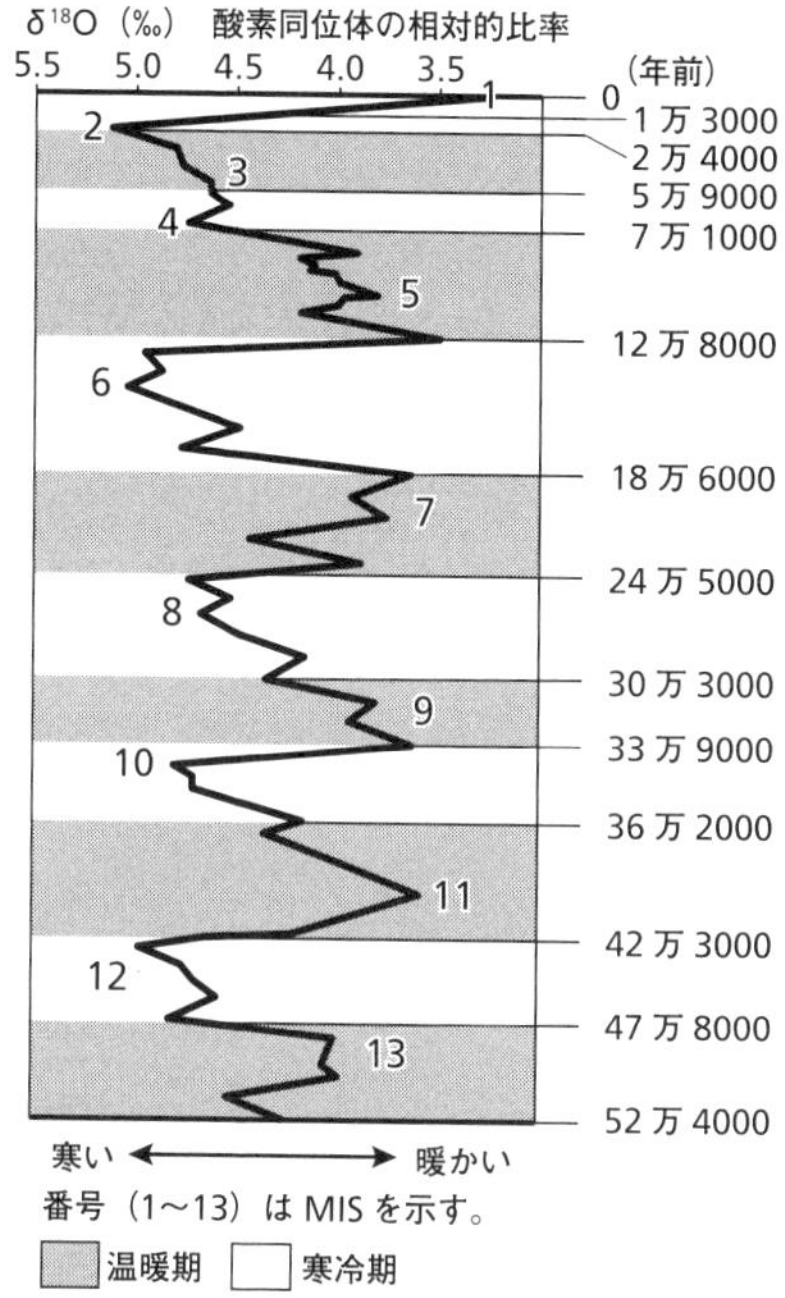

図8 過去50万年間の気候変動
MISは海洋酸素同位体ステージの略で、現在をMIS1として大きな数字ほど過去を示している。最終氷期はMIS4～2の期間で、MIS3は氷期の中での温暖な時期というにすぎない。他の寒冷期と同等に寒冷であり、他の温暖期と同じではない（Klein, 2009：Fig.5.6をもとに作成）。

ッパへと人類の足跡を広げていった。彼らの脳容量は、ホモ・サピエンスよりも大きかったという。

ヨーロッパからユーラシア大陸全土への進出を試みた彼ら頑丈型人類に対して、華奢なホモ・サピエンス〔＊1〕は、まだアフリカにとどまっていた。そのことを示すのは、35万年前のモロッコの記録に続く19万年前のエチオピア南部・オモ河流域の遺跡記録である。この時代までに、ホモ・サピエンスはさらに一つの寒冷期（30万3000〜24万5000年前）を経験して、MIS7の温暖期（24万5000〜18万6000年前）を迎えていた。

オモ河は標高2000mのエチオピア高原南部を水源として南へ流れ、北緯4度48分で湖面の標高500mのケニア・トゥルカナ湖に注ぐ、全長760㎞の大河である。オモ河流域でホモ・サピエンスが発掘された遺跡と同じ地層からは、現在と同じ哺乳類相が確認されている（Assefa et al. 2008）。オモ河流域地層は第1層が24万〜20万年前（MIS7）、第3層が13万〜7万5000年前（MIS5）、第4層が1万年前以降（MIS1）で、三つともに間氷期の湿った温暖気候である。

第1層の哺乳類出土例を多い順に挙げれば、カワイノシシ（イノシシ科）、アフリカスイギュウ（ウシ科）、カバ（カバ科）、ブッシュバック（ウシ科）、ハーテビースト（ウシ科）、ウォーターバック（ウシ科）、シマウマ2種（ウマ科）、ディクディク（ウシ科）、キリン（キリン科）、ヨシネズミ（ヨシネズミ科）である。

これらの哺乳類の中で最も大きなものは偶蹄目のカバで、最大3トンを超え、最小のものはネズミ目のヨシネズミで9kgである。カワイノシシはアフリカ全土とマダガスカルに分布する50〜120kgの中型の偶蹄類で、ホモ・サピエンスはそれを古くから狩猟対象としてきた。アフリカスイギュウ（ウシ科）は、最大でオス680kg、メス480kg（ケープスイギュウ）に達する大型の偶蹄類で、より森林棲のアカスイギュウでもオス270〜320kg、メス265kgと巨大である。ウォーターバック（ウシ科）も体重250kgになる大型の偶蹄類で、水場近くのサバンナや林にすむ。この3種は、カバとともに一貫してオモ河流域のホモ・サピエンスの主要な狩猟対象だった。

出土した哺乳類のバラエティは、初期ホモ・サピエンスの時代である第1層で29種と最も多く、現在の第4層では16種と少なくなっている。しかし、多様性が減っているとは言っても、アフリカの他の地域よりは豊かであり、2種のウマ属が同所的に住んでいるくらい草食獣の豊かな地域であることに注目したい。

このオモ河の哺乳類相は、ホモ・エレクツスの時代（190万年前）のトゥルカナ湖東岸のコービフォーラと少し違ったところがある。この時代は、ウシ科のハーテビーストやウォーターバックは同じ種だが、カバ科、ゾウ科、イノシシ科とウマ科の動物は19万年前とは異なる別の古代種だった。ホモ・エレクツスは、これらの古代種を狩猟の対象としていたのである。

巨大魚であふれるオモ河の風景

哺乳類相以上に注目されるのは、魚類の多さである。初期ホモ・サピエンスの時代の地層から発掘された魚類としては、ナマズ類やナイルパーチ（スズキ科）が多く、ついでコイ科とカラシン科、マフグ科など硬骨魚類37属が数え上げられている。しかもその大きさは「現在のものの最大よりもさらに大きい」（Trapani, 2008）という。

たとえば、ナイルパーチが含まれるアカメ属。現在でもナイルパーチには、全長１９３㎝、体重２００kgの記録があるくらいである。それより大きいとしたら、いったいこの時代のオモ河にはどれほどの大物がいたのだろうか。

ジョシュ・トラパニ（スミソニアン国立自然史博物館）の論文には、この時代のナマズ属の頭骨と、現生のヒレナマズ属を比較した写真が掲載されているが、横幅で倍以上の違いがある。現生のものは体長１ｍほどなので、頭骨が同じ比率であるとすれば、当時のナマズは体長２ｍ以上だったことになる。

やはり頭骨の標本写真が掲載されているシノドンティス属（サカサナマズ科）のトゲも、クラリアスのトゲと同じほど大きかった。現在飼育されているサカサナマズは、最大30㎝と言われているので、かつてのアフリカの川には、それよりはるかに大きなサカサナマズがいたという証拠である。

その他、ジムナーカス（ギュムナルクス科）やバーベル（コイ科）もいた。ジムナーカスは現在でも全長1・5mに達する、ウナギのような細長い体の魚で、バーベル（英語で「魚のヒゲ」）はコイ科の淡水魚で1・2mまで成長する。

どの魚の種類にも全長1mを超す巨大魚がいた川を想像するのは、それだけで心楽しいが、川の生態系を考えると、もっと重要なことがある。大きな魚がいるということは、より小さい魚が豊かであることを示している。その小さな魚の餌となる小魚はあふれていただろう。より小さい魚がいれば、それを食べる多種の魚と甲殻類、あるいはカエル類も、カメもワニもいたはずだ。さらに同じ時代の地層からは、魚食の鳥類であるペリカンとヘビウも見つかっており、水辺の豊かさが、今とは比べものにならなかったことがよくわかる。

また、この遺跡からは逆《かえ》刺のついた骨製の銛《もり》が見つかっている。トラパニ論文は「それはナマズのトゲから考えついたのかもしれない」としているが、仮にナマズのトゲをそのまま使ったとしても十分威力はあっただろう。ともあれ、これを使えば岸に近いところの魚なら十分捕まえることができる。あるいは川にかけた丸太の上に乗り、下を通る巨大魚を突き刺すこともできただろう。アマゾンではこの漁法がごく最近まで行われていて、250cm、体重100kgに達するピラルクー（アロワナ目）が報告されている。

気になるのは、オモ河が流れこむトゥルカナ湖のホモ・エレクツスの遺跡では、魚以上にワニの骨が多く発掘されているが、このホモ・サピエンス時代の論文にはワニがまったく登場しないことである。これは、何を示しているのだろうか。

水辺の生活者という新しいニッチ

19万年前のオモ河流域の川辺は、モザイク状の環境だった。あちこちに魚類とそれを漁る水鳥がすむ湖沼、丈の高い草原があり、イチジクの大木などが25~30mの高さでそびえ立つ。川を南下すればそのままトゥルカナ湖へと至り、その東岸には195万年前のホモ・エレクツスの狩猟現場遺跡で知られるコービフォーラがある(第2章参照)。

そこでは先に述べたようにワニの骨が多数発掘されている。しかし、19万年前のホモ・サピエンスの時代の記録では、哺乳類や鳥類については詳細な化石記録があるのだが、魚の化石記録のまとめに「ワニもいる」とあるだけで、ワニの遺物がどれほどあったかはさっぱりわからない。

もちろんこれらはホモ・サピエンスが実際に食べたかどうかとは別に調べられているのだが、それでも遺跡の地層からワニが出てこないのは、ホモ・エレクツスの時代との違いを感じざるを得ない。

おそらくワニ猟は、より強大な体力を誇る「王獣」ホモ・エレクツスの領域だったのだ。もう一度、人類の分岐図(図4)を見ていただきたい。ホモ・サピエンスが誕生した時代には、ホモ・エレクツスもネアンデルタールも、その他のヒト属もいたことが知られる。これら同属の頑強種と同じニッチで競合するには、ホモ・サピエンスはあまりにも繊細、華奢だったのだろう。

前章で研究を引用したクリストファー・ストリンガー(大英自然史博物館)たちは、この華奢さにこそホモ・サピエンスの特徴があると指摘している。

> ネアンデルタール人の骨格の骨組みは、現代人の基準ではかなりがっしりしていた。肘関節、股関節、膝関節は大きく、脚の骨は非常に厚かった。これらの特徴は、ネアンデルタール人以前の人類にも存在した。実のところ、例外と思われるものこそ、私たち自身のどちらかというと弱々しい骨なのである。(ストリンガー&ギャンブル、1997:152頁、傍線は引用者による)

そうだとすれば、この華奢さにホモ・サピエンスが生存に成功した秘密が隠されているということになる。

そもそも生物種が生存していく上で、決定的なカギとなるのは強弱・大小ではなく、どこにニッチを見出すか、である。華奢であったホモ・サピエンスは、体格では太刀打ちできないホモ・エレクツスたちにワニ猟や大型哺乳類の狩猟を任せ、自分たちはより安全な小型獣や鳥類、そしてもっと安全な魚貝類を主食とする方向に進んでいったのではなかったか。

そう思わせるのは、19万年前の遺跡から発掘された魚のリストである。少なくとも、ホモ・サピエンスがことさら水辺や水中を好んだことはわかる。ホモ・エレクツスのように重い構造の骨と筋肉の塊のような体では難しかっただろうが、華奢な身体であれば泳ぐことは可能だ。そのためホモ・サピエンスは貝類や魚類などの水棲動物、水草など水中・水辺の植物を食糧とする生計手段を確保することができ、「王獣」であるホモ・エレクツスと競合することのないニッチをつくりだすことができたのではないだろうか。

また、16万2000年前には南アフリカのピナクル岬洞窟で、ホモ・サピエンスが貝類などを食物として海岸で生活していたことがわかっており、ザイール(コンゴ民主共和国)のカタンガからは、角の芯の骨でつくられた9万年前の「逆刺のある銛」が、淡水ナマズの骨といっしょに発掘されている。さらに南アフリカのブロンボス洞窟で7万5000年前の中期旧石器とともに、大きな魚の骨と海の貝、アザラシとイルカの骨が確認されている(Pitcher and Lam, 2015のとりまとめによる)。

このような10万年以上をかけたアフリカでの漁法の発達は、ホモ・サピエンスが獲得したニッチの拡大がゆっくりと進んだことを示している。しかし、魚をとるために網や釣り針を開発するには、まだ数万年の時を要した。それらが確認される年代は、網は3万5000年前、釣り針は2万3000〜1万8000年前である。

水辺生活と裸の皮膚

ここでホモ・サピエンスの特徴が、裸の皮膚にあったことが思い起こされる。裸の皮膚は、ことさら乾燥に弱いので、水辺や水中での生活はその意味でもこの特異な人類には決定的に必要だった。ここで勘違いしてはいけないのは、ホモ・サピエンスの裸の皮膚が決して水中に「適応」したものではなかったということである。

ダーウィンは『種の起源』(1859年)で「自然淘汰」進化論を提唱したが、ホモ・サピエンスの裸の皮膚は、適応的な形質ではないために「自然淘汰」では説明できず、『人の由来(The Descent of Man)』(1871年。日本語訳は伊谷・池田訳、1967『人類の起原』)で「性淘汰」理論によって説明しようとした。ダーウィンは、他の様々な無毛化についての説明を退けたあとに、以下のように結論している。

私がなによりもよいと思う見方は、人間、最初はとりわけ女性が、性淘汰のところで述べるように、装飾上の目的のために毛を失うようになったという考えである。（同書：116頁）

ダーウィンの「性淘汰」論は、昆虫や鳥類に見られる雌雄差を、異性による選択の結果だと説明するものだが、ホモ・サピエンスの皮膚には男女差がない。それを「最初はとりわけ女性が」という文句（事実ではなくただの言葉）で説明して「性淘汰」にくるめるのは、いかにも無理だった。

また、ダーウィンが退けた「人間」〔＊2〕の裸の皮膚の説明の一つに「水中生活者は無毛である」という説があったが、「人類海中起源論」者たちはこれを取り上げている。彼らは「人類」は進化の道程のどこかで海中で生活していたから、現代人は裸の皮膚なのだ、と主張する。

人類の海中発生説はイギリスの海洋学者アリスター・ハーディの発案（Hardy, 1960）に始まり、エレイン・モーガンが何冊もの本で延々と説明し（モーガン、中山善之訳、1972など）、ライアル・ワトソンも最高の仮説として賞賛している（ワトソン、内田美恵訳、1989）。この仮説は、人類の直立二足歩行も裸の皮膚も同時に説明すると考えられたからである。それは「海に入る、姿勢が直立する、裸になる」という具合である。

この説は、裸の哺乳類をきちんと列記することで簡単に論破できる。獣《けもの》の裸化は、水辺や水中生活の哺乳類だけに限っているわけではない。海中起源説の論者は、意識して水中、海中、水辺だけに話を限定しているが、裸の哺乳類は地中生活者（ハダカデバネズミ）にも、空中生活者（ハダカオヒキコウモリ）にも、そして陸上生活者（バビルーサ）にもいる。また、毛があっても水中生活する獣の例には事欠かない（拙著『はだかの起原』を参照されたい）。

したがってホモ・サピエンスは、ダーウィン流の淘汰による最適者の保存を行う保守的「進化」というより、華奢な骨格や裸の皮膚という不適応形質を乗り越えるための不断の苦闘を経て、水辺の生活と魚食というホモ・エレクツスやネアンデルタールと競合しない新ニッチの創出に至ったと考えるべきである。

魚食は彼らの脳の発達に影響しただろう。あわてて付け加えると、ネアンデルタールもホモ・サピエンスと同等かそれ以上の脳容量を持っていたので、魚食だけが脳容量の増大に影響したわけではない。しかしオモ河、ナイル河、そして大地溝帯の大湖沼群での魚貝食が、ホモ・リピエンスの脳の働きに決定的だったことは明らかであり、それを指摘する研究者もいる（Broadhurst et al., 1998）。

ホモ・サピエンスのアフリカからの脱出

ユブランらが唱えたホモ・サピエンスの「パン・アフリカ起源説」は、エチオピアからケニアのトゥルカナ湖を経てウガンダ、ルワンダへと続く、アフリカ中央部の大地溝帯湖沼群の重要さを改めて思い出させてくれる。

パン・アフリカ起源説の要点は、従来東アフリカが現代人の起源地であり、そのサバンナこそ人類の発祥地であるという一種の暗黙の前提に対して、もっと広い範囲でホモ・サピエンスの起源地を問わなくてはならない、という示唆《しさ》だった。

また、それはアフリカ全土に一気に広がることのできる条件を持った場所こそ、サピエンスの誕生の場所だという示唆でもあった。中央高地沼沢地からであれば、北へはナイル河、西へはコンゴ河、南へは大地溝帯によって、海岸線までのルートが水系によって確保され、東へは陸続きで簡単に到達できる。つまりホモ・サピエンスのアフリカにおける古い遺跡群のパン・アフリカ的な分布を説明することができるのである。

ルワンダ（首都キガリの標高は１５００ｍ）国民は自国を「千の丘の国」と呼び、その隣国ウガンダ（首都カンパラの標高は１１９０ｍ）国民は自国を「千の湖の国」と呼ぶが、そこはモブツ湖（旧アルバート湖）、ヴィクトリア湖〔＊３〕をはじめとする、世界最大級の湖沼地帯である。巨大な嘴《くちばし》をもつハシビロコウが湿原に立って、肺魚が呼吸するために水面にあがってくるのをひと呑みにしようと、じっと待っているような世界であり、魚はほぼ無尽蔵と言っていい。

初期のホモ・サピエンスは、ここに誕生し、白ナイルを下り、コンゴ河を下り、大地溝帯をたどって全アフリカに拡散したのではないか。人は1日50km歩くことができるので、アフリカ内の移動は1000年単位で考えれば、南北東西どちらを向いて進んでも問題になるほどのことはない。その一部が地中海沿岸をたどって、モロッコに至ったのだろう。

われらが父祖たちは無数の危難の中で生活していたが、水辺にいさえすれば、栄養豊富な魚がたくさんいるので、食糧には困らなかった。しかし、スマトラ島のトバ大噴火と同期する7万年前から始まる最終氷期に、アフリカの気候は激変し、大地溝帯のヴィクトリア湖やタンガニーカ湖周辺さえも乾燥地帯となった。氷河期のアフリカの環境は、ある意味で氷床が半分を覆ったヨーロッパより厳しいもので、北部の広大な部分が極度の砂漠気候(熱帯極砂漠)のために、草があっても面積の2%以下というまったく不毛の土地になった。

この植生はモロッコの海岸域を除くすべての北アフリカからアラビア半島にまで広がっていた。大地溝帯のほとんどは灌木の割合が5%以下の熱帯草原となったが、わずかにエチオピア高原では熱帯棘藪林が中央に山岳氷河をもっており、紅海出口に接近していた(図9)。掲載した図は2万4000年前に始まる最終氷期の極大期(LGM)の植生を示したものだから、氷河期の大半はこの植生よりもエチオピア高原の熱帯棘藪林が広かったはずだ。

おそらくその場所こそが、危機に瀕したアフリカのホモ・サピエンスにとって、ユーラシア大陸へつながる海への出口となったと思われる。南アフリカにも多くのホモ・サピエンスの海岸遺

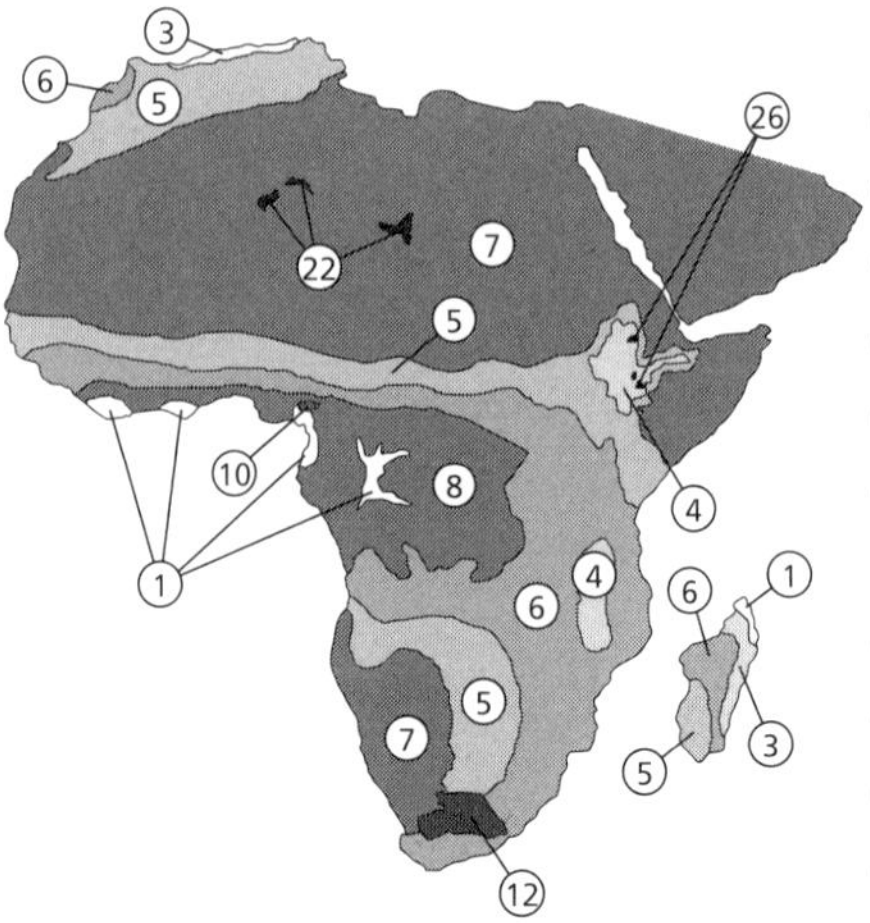

図9　最終氷期最大期のアフリカの植生
制作者がこの作図には極めて多くの労力を費やしていることは、10頁にあまる文献を見てもよくわかる。ことにマダガスカルの植生復元の正確さには驚かされる。北東部にしかない小面積の熱帯雨林が省略されていないこと、南西部の熱帯半砂漠の位置の正確なことから、この小地域についてさえ現地をよく知っている研究者がこの図の作成に参加しているのだと感じさせる（Ray and Adams, 2001をもとに作成）。

跡があるが、そこは西アフリカや北アフリカのモロッコと同じように孤立した生息地であり、出口とはなりえなかった。

もっともホモ・サピエンスのアフリカからの拡散は、最終氷期より前の温暖期（最終間氷期12万8000〜7万1000年前）から始まっていたようで、紅海沿岸のエリトリアでは、ホモ・サピエンスによってシャコガイのオーバーキル（過剰採集）が起きるほどだった（Walter et al. 2000）。また、その一部は12万年前には地中海沿岸のレヴァントに進出していたという。

7万年前に始まる最終氷期の地球規模の寒冷化とアフリカ大陸の乾燥化は、

必死の脱出劇をホモ・サピエンスに強いただろう。紅海を北へ、アラビア半島へ、そして広大なユーラシア大陸へと進出したホモ・サピエンスの旅は、必然的に海を渡る旅となった。そうだとすれば、何らかの船がどうしても必要となる。その始まりが丸木舟だったか、筏《いかだ》だったかはわからない。

海上移動手段の発明

イスラエルの歴史学者ユヴァル・ノア・ハラリは、この時期のホモ・サピエンスの文化的発展こそ、「認知革命」と呼ぶにふさわしいと言う。

　サピエンスは驚くほど短い期間でヨーロッパと東アジアに達した。四万五〇〇〇年ほど前、彼らはどうにかして大海原を渡り、オーストラリア大陸に上陸した。それまでは人類が足を踏み入れたことのない大陸だ。約七万年前から約三万年前にかけて、人類は舟やランプ、弓矢、針(暖かい服を縫うのに不可欠)を発明した。芸術と呼んで差し支えない最初の品々も、この時期にさかのぼるし、……宗教や交易、社会的階層化の最初の明白な証拠にしても同じだ。(ハラリ、2016：35頁)

しかし、彼の説は「約七万年前から約三万年前にかけて」というごく大雑把な時代区分が、まずうさんくさい。また、スティーヴン・オッペンハイマーの主張するようにホモ・サピエンスのオーストラリアへの進出は、6万5000年前まで遡る可能性が高い（オッペンハイマー、2007：199頁）。この年代に懐疑的なリチャード・クラインたちも以下の事実を認めている。

オーストラリア南東部レイク・マンゴー遺跡から出土したヒト骨格3号の元素を調べ、平均六万二〇〇〇年前（骨格は完全に現代人、赤いオーカーにオーリニャック文化的墓）とされた（クライン&エドガー、2004：270頁）

つまりホモ・サピエンスのニューギニアとオーストラリアへの進出は、東アジアへの進出と同じほど古かったはずである。ハラリのいう「認知革命」がこの時代に本当に起こったかどうかはここでは問わない。だが、このことは少なくとも彼らがすでに舟か遠洋航海用の筏を知っていたことを意味している。

実際、最初の海上移動手段として、筏には多くの可能性がある。その可能性を垣間見せてくれるのが、ペルーから南太平洋に乗り出したコン・ティキ号だ。コン・ティキ号は長さ15m、直径

1m強のバルサ（アオイ目パンヤ科の高木）の丸太9本をつなぎあわせた筏である。

それに乗った6人の男たちは、ノルウェー人のトール・ヘイエルダール指揮のもと、1947年に南米ペルーから出港し、3ヶ月と10日間をかけ南太平洋を横断して、タヒチに近いラロイア礁に漂着することに成功した。この無謀な旅の記録を読んでいると、筏だからこそ成功したのだと思われる記述に何度も出会う。


最初は滑らかな緑色のぬるぬるが薄くおおっただけだったが、やがて海草の房は驚くほどの速さで成長していき、しまいにはコン・ティキ号が波の間をよたよたと進む姿はさしずめ顎ひげを生やした海神そっくりというところだった。その緑の海草の中には、ちっぽけな雑魚どもと密航者のカニのお気に入りの場所があるのだった。……

カニといっしょに、筏の上で一番繁栄したものは、長さ二センチ半から四センチのフジツボだった。フジツボは何百となく、筏のとくに風下に成長した。そして古いやつをスープの釜の中へ入れるが早いか、新しい幼虫が根を下ろして成長して行くのだった。フジツボは新鮮でおいしかった。われわれは海草を摘んでサラダにした。（ヘイエルダール、1969：104頁）

海の上にひとり残された最初の日から、筏のまわりの魚に気がついていた。……二日目にイワシの大群のまんなかにはいった。……
翌日はマグロ、カツオ、シイラの訪問を受けた。そして大きなトビウオが筏の上にどさっと落ちて来たときには、それを餌に使って、すぐさまおのおの十から十五キロもある大きなシイラを二匹引っ張り上げた。これは何日分もの食糧だった。（同書：81頁）

筏はいわば浮いている島であり、海の生物が寄り集まる場所だった。そこには、海面を漂うカニさえ集まってきた。筏は一つの生態系を海面につくり、筏の上の竹の小屋は漂流者に大地の上にいるような安心感を与えた。筏のまわりには、食糧となる魚がいつもいた——。この海の豊かさを存分に伝える記述は、今でも読む者をわくわくさせてくれる。

海に出たホモ・サピエンスの衝撃

もう少し、コン・ティキ号の記録を引用しよう。

朝起きたときの炊事当番の最初の務めは、甲板の上に出て行って、夜の間に筏の上に落ちたトビウオを全部集めることだった。いつも五、六匹あるいはそれ以上のトビウオがいた。そしてある朝などは、筏の上に太ったトビウオを二十六匹も発見した。クヌートはある朝びっくり仰天した。立ってフライパンを使っていると、トビウオが料理用の油の中にまっすぐ跳びこむ代わりに、彼の手にぶち当たったからである。（同書：82頁）

魚が筏のまわりを泳いでいず、たやすく捕まえることのできない日は一日もなかった。とにかくトビウオが自分のほうから筏の上にやって来ないで一日が過ぎることはほとんどなかった。大きなカツオが、いともから来る大量の水といっしょに筏の上に泳いで来て、篩《ふるい》から洩るように水が丸太の間から消えてしまったとき、筏の上でバタバタやりながら横になっていることさえあった。カツオはとてもおいしかった。餓死することは不可能だった。（同書：94頁）

私の経験だが、トビウオでなくても、小魚は低い舷《げん》のボートなら飛びこんでくる。ジャマイカで手漕ぎボートに乗って、海岸を回った時、カッショクペリカンのダイビングから逃げようとパニックになった小魚がボートの中に飛び込んできて驚いたことがある。追われる小魚は何にでも隠れようとするから、浮いている大きな物体はボートでも流木でも筏でもそれに向かって集まってくる。海鳥や中・大型の魚たちはそれを狙っているのである。

九州の天草《あまくさ》では、ハンドウイルカの群れに追われたマアジの群れが、イルカに伴走する観光船の舷側に逃げてくるので、船員が網ですくっておかずにするという。愛媛県愛南町《あいなんちょう》の御荘湾《みしょうわん》ではソウダガツオに追われたカタクチイワシが、釣っているわれらの船の舷側や船尾に集まってきて、群れに手を突っ込んで容易にとることさえできた。

人類史上初めて海へと漕ぎ出でたホモ・サピエンスたちは、このような海の豊かさを目の当りにして、大いに衝撃を受けたのではないか。そこは慣れ親しんできた湖沼地帯以上に魚たちの楽園だった。おそらく海上の移動手段は丸木舟か筏だっただろう。これらの海上移動手段の開発によって、人類はそれ以前にはとうてい到達できなかった未知の大陸や島々への道を切り拓いたのである。

＊1　イスラエルのミスリア洞窟（カルメル山の西斜面）で見つかったホモ・サピエンスの上顎化石の年代は18万年前（17万7000〜19万4000年前、テルアビブ大学の古人類学者イスラエル・ヘルシュコヴィッツのチームによる）とされ、ホモ・サピエンスのユーラシア大陸進出は従来の12万年前よりもよほど早かったことが確認されている。
＊2　「人間」や「人類」と括弧にいれたのは、人類の中のどの種を指すのかが、海中起源論者ではいつも

曖昧なままだということを強調するためである。ホモ・サピエンスの裸の皮膚は、この種かぎりなのか、それとも「人類」共通なのか、という生物学上の大問題にきちんと向き合うつもりがないかぎり、ホモ・サピエンスの裸の皮膚についての理解はできない。

＊3　主な大地溝帯の湖の湖面標高と面積など。ヴィクトリア湖は湖面標高１１３４ｍ、面積６万８８００㎢（琵琶湖の１０３倍！　北海道の８割！）の世界第３位の湖。最深でも82ｍで、小島が多い。タンガニーカ湖の湖面標高は７７３ｍ、最大水深１４７０ｍ。マラウィ湖の湖面標高は５００ｍ。トゥルカナ湖は湖面標高３６０ｍ。

第5章
進化する生態的地位――水辺から海辺へ

海辺がもたらす生存上の利点

ここでホモ・サピエンスの地球規模での生息地拡大をひと目で見渡すために、今から1世紀ほど前の地質学者グリフィス・テイラー〔＊1〕の地図（図10）を拝借することにしよう。

彼がまとめた民族の分布は、植物生産量（年間降雨量）の分布と重なっている。最も植物生産性の高い赤道地帯（アフリカ熱帯雨林を示す）にはネグロ族が、その周辺のサバンナ地帯にはバンツー族が、さらに北アフリカからアラビア半島にかけての乾燥地帯にはセム族が、インド半島から東南アジアの熱帯雨林地域にはネグリトが対応する。それは7万年以上もの長い時間をかけてホモ・サピエンスが移動を繰り返した結果である。

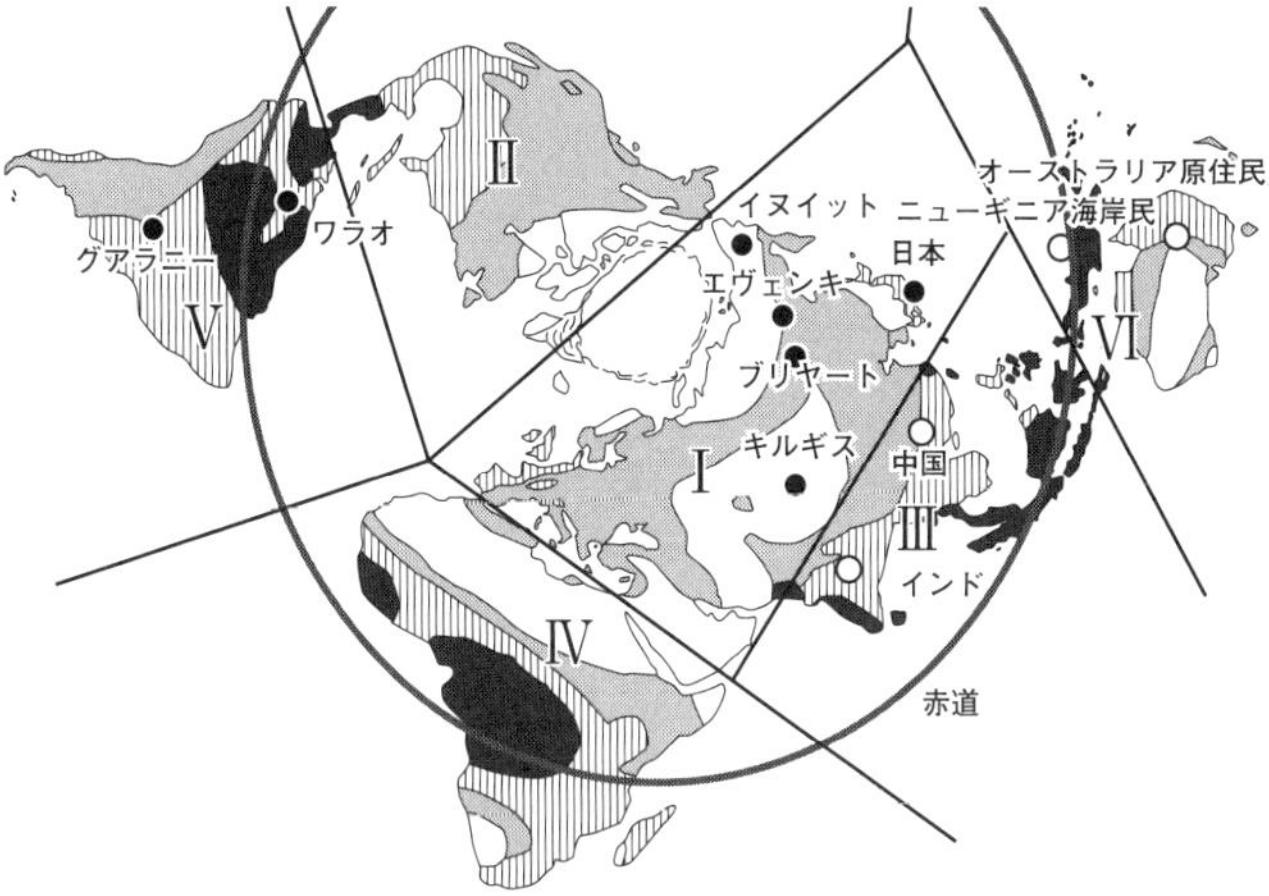

図10　出アフリカ第1波ホモ・サピエンス（日本人の近縁者）の現住地と、世界の植物生産量分布および動物区系
黒い丸は日本人最近縁者で、白い丸は日本人近縁者（Ingman et al.,2000より）。4分の3円は赤道、直線区系はウオーレスによる動物地理区系（I：旧北区、II：新北区、III：東洋区、IV：エチオピア区、V：新熱帯区、VI：オーストラリア区）を表す。植物生産量の区分によって、赤道地帯の黒塗り部分：1㎡あたり年間800g以上の炭素生産、縦線部分：400～800g、灰色部分：100～400g、白抜き部分：100g以下（Cox and Moore, 1993より）とした。元図はTaylor, 1927より。

ホモ・サピエンスのアフリカからの脱出は、大きく2回に分けることができる。第1波は、インド半島から東南アジアへとユーラシア大陸の南岸沿いに広がったグループで、第2波は、ユーラシア大陸中央部と西部ヨーロッパに向かったグループだった。

ホモ・サピエンス第1波は、前章で述べたように人類史上初めて海を生息域に取り込んだ「先駆者」たちだった。この時代に水平線の向こうの陸地へと渡る手段を開発することは、20世紀に月へ行くロケットを開発するのと同じほどの難事業だっただろう。実際、海に乗り出した彼らの多くは、危険に巻き込まれ命を絶ったに違いない。

しかし、ひとたび海を渡る能力を手に入れたらどうか。入り組んだ地形の海岸も深い川も容易に越えられるようになり、適当な生活拠点を選ぶことができる。得られる食物量は陸上の食用動植物に水棲の魚貝類や甲殻類や藻類が加わることで、2倍にも3倍にもなる。このため海岸域での生活は、第1波のホモ・サピエンスが生き残る割合を高めただろう。さらに海岸や河口域で食用になる可能性のある動物は、固着した貝や動きの少ない甲殻類などが多く、飛んだり走ったりして逃げる陸上の動物に比べると採集が楽になる利点も見逃せない。

またホモ・エレクツスに比べて圧倒的に華奢なホモ・サピエンスの骨格は、水中では利点になった。ホモ・エレクツスのレスラータイプの頑丈な筋肉は水泳に向かないが、ホモ・サピエンスの華奢な体格は水中では自由度が高く、遊泳と潜水にも適しているため、様々なタイプの海岸、河川を利用できるだけでなく、海中で深度の異なる多様な魚貝類の利用の幅が広がったと考えられるからである。

誰が海上移動手段を発明したか

多くの根本的に革命的な発明と同じように、もしかすると海上移動手段の開発も子どもたちの遊びから始まったのかもしれない。子どもたちの遊びは、無数の試み、無限の冒険、そしてたまさかの発明と発見に満ちている。

ノーベル賞受賞者の湯川秀樹のエピソードに次のようなものがある。『荘子』「秋水」の最後の一句「知魚楽《ちぎょらく》」を座右の銘とした彼は、紀州《きしゅう》藩士だった祖父から中国文化の古典を学んだ。祖父と対面して授業を受けたのは5～6歳頃からとされるが、それより早くから影響はあったと考えられる。人の子どもの聡明さはごく幼いうちから見てとれるものだから、湯川ほどの資質を祖父が見抜けなかったはずはない。

江戸期の武士階級が常識として持っていた漢語の知識は、祖父の言動や家庭環境を通して、生まれてすぐの時期から湯川にとってごく親しいものだっただろう。湯川が祖父から受けた教育の成果は、彼がアインシュタインの相対性理論を『荘子』の「相待つ」という思想に結びつけた時に明らかになる。

　二、三歳くらいまでのあいだの記憶は、われわれには残っていないみたいに見えますけれども、そうじゃなくて、いろいろ形を変えるとか、あるいは小さな部分として、たくさん残っているのではないかと、私は思うようになったのです。（湯川、1979：219-220頁）

大分以前から、相対的、レラティヴということとはちがう意味で、「相待つ」というのは非常に意味の深い言葉であると思っておりました。……

「相待つ」というのはどういうことか。物というものは、ただそれだけが存在しているのじゃなくて、なにかそれを待っているものがある。あるいはこっちから期待している。向うも期待している。赤ん坊は母親が相待っていないと困る。（同書：227－228頁）

このように湯川は幼児時代の記憶が相対性理論の理解、さらにはまったく新しい発想であった中間子理論に及ぶほどの重要性を持ったことを、「相待つ」という表現を通して語っている。中間子とは、原子核内で陽子や中性子を互いに結合させる相互作用の媒介者であり、「相待つ」ことを実現する力そのものである。

ホモ・サピエンスの学習能力とは、一方的に与えられた知識をただ会得《えとく》する能力というだけの単純なものではない。外界から得た刺激が自分の心の中の何かと反応し、まったく新しい発見や発明にいたる、こうした特別な回路をホモ・サピエンスはもともと備えているのではないだろうか。そうして生み出されたものの中に、火も弓矢も舟もあった。

幼児から10代のごく初期までの子どもたちは、ひたすら遊ぶことに夢中になる。生計をたてることに忙しい親たちは遊び惚《ほう》けるわけにいかないので、遊びは子どもたちの特権である。

先史時代のホモ・サピエンスの子どもたちにとって、適当な流木を海に浮かべて遊ぶことは普通のことだっただろう。それにつかまってさえいれば、決して溺《おぼ》れないことはすぐにわかる。ちょっと気が利く子は、丸太に枝つきの丸太をつないでその上に乗ることさえやってみせたかもしれない。バランスをとりながら、丸太と丸太の上を自由に跳ね回る、子どもたちの姿が目に浮かぶ。そうしているうちに、丸太をくりぬいて海の上でも安定する舟をつくる子が出てきても不思議ではない。

ホモ・サピエンスの子どもたちは、自らの住処である水辺での遊びから、釣り針や網、帆をつくる技術、あるいは筏を操るノウハウ、そして海流と季節風についての知識などを幼い心にゆっくりと蓄積していったのではなかっただろうか。

こうして海を横断する交通手段を手に入れた時、ホモ・サピエンスは、水辺だけでなく海にまでもニッチを確保した初めての霊長類となったのである。

ホモ・サピエンスが手に入れた新天地

7万年前から始まる最終氷期には、世界的な規模で気候が乾燥して海水面が下がり、陸地が拡大し、大陸内部と極地方には氷河が広がった。2万4000年前の最寒冷期に入ると海面は10

0m も低くなり、アジア大陸南部では南シナ海の南部、ジャワ海、フロレス海、アラフラ海が陸化し、インドシナ半島は広大なスンダランドに、ニューギニアとオーストラリアは一つのサフル大陸となった。

北方ではベーリング海の陸橋が広がって亜大陸ベーリンジアとなり、南北アメリカ大陸につながった。この中間の温帯域では東シナ海が陸化し、日本列島は北海道が樺太《からふと》を経由してシベリアと陸続きになり、狭くなった津軽海峡を挟んで古本州島（本州、九州、四国と隠岐《おき》、屋久島までの陸地）を形成した。

アフリカを出てインド亜大陸を回ったホモ・サピエンスが最初に体験した多島海は、インドシナ半島がスンダランドによって2倍以上に広がった熱帯大陸の周辺であった。彼らの一部はさらに海を東に渡り、ニューギニアと連結していたオーストラリア（サフル大陸）に6万年前までには進出しただろう。一方、北上するグループは、ユーラシア大陸北東部の氷床の周辺に3万年前までに広がり、古本州島とベーリンジアへ進んでいった。このグループには、4万年前にユーラシア大陸中央部へ進出し、シベリアを東進した別のグループも加わったと見られる。

北上するグループの進出が、海を越えてサフル大陸へ渡る人々よりも遅かった理由は図11を見れば明らかである（以下の数字は図11の植生に対応）。それは中国大陸奥地からシベリアまでを覆っていた氷床㉖、極地・山地砂漠⑮、温帯砂漠⑯、ステップ－ツンドラ⑭、乾燥ステップ㉒のためだ

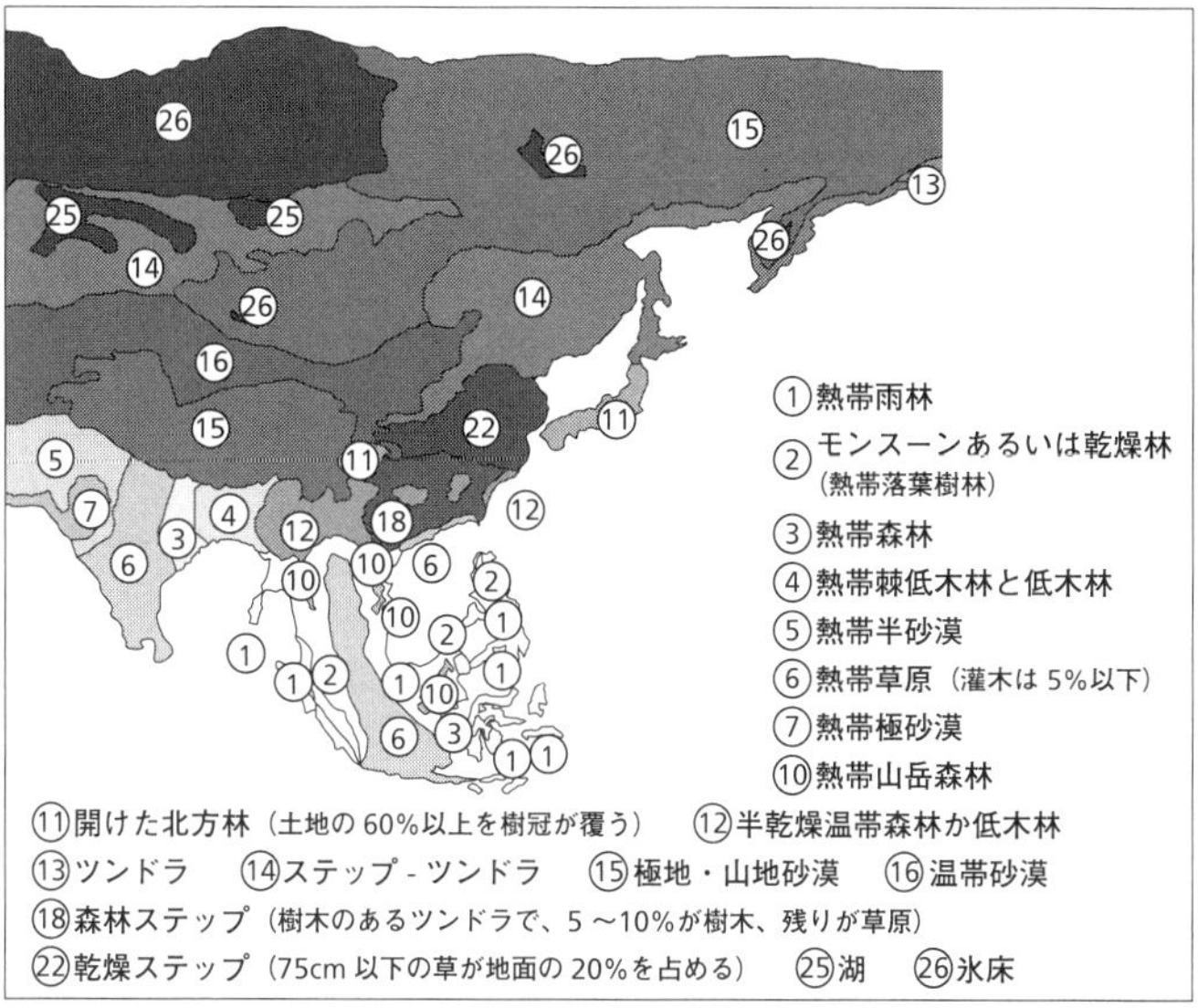

図11　最終氷期最大期のアジアの植生と地形
東南部に広がるインド亜大陸より大きなスンダランドに注目されたい。また、このスケールでは日本列島は、樺太から古本州島までつながる巨大半島に見える(Ray and Adams, 2001をもとに作成)。

った。

　これに対して、東南アジアから古本州島までの太平洋岸には、現在のアジアとほとんど変わらない植物風景が広がっていた。たとえば、スンダランド南方には中央に広い熱帯草原⑥があり、その東西を熱帯雨林①と熱帯山岳森林⑩が囲っていた。中国大陸南部は森林ステップ⑱であり、南部海岸沿いには半乾燥温帯森林⑫があった。対馬と九州の南端部には照葉樹林があったが、日本列島のほとんどは開けた北方林⑪の落葉樹林に覆われていた。

　いずれにしても、スンダ海の陸化によって、現在のインドシナ半島か

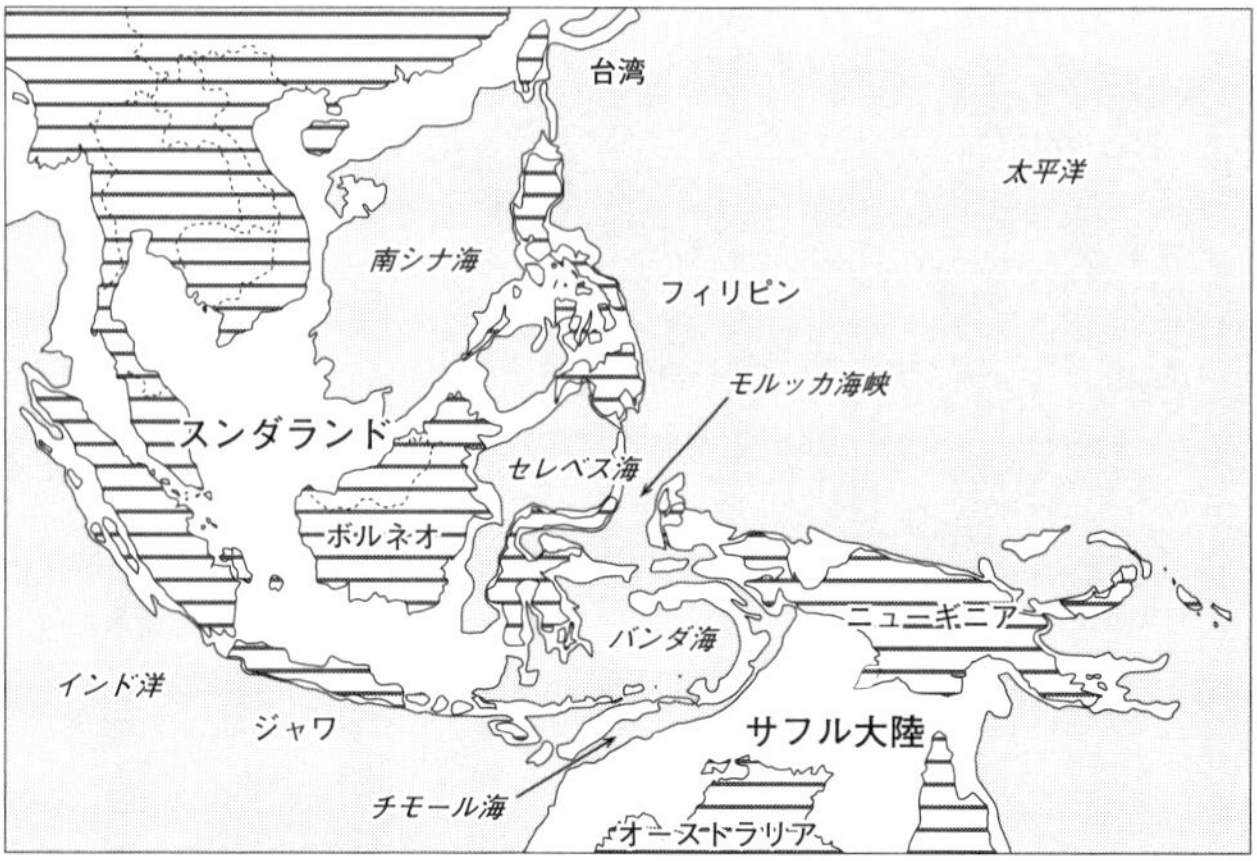

図12　最終氷期最盛期のスンダランドとサフル大陸
横線部は現在の陸地、白地部は最終氷期の陸域を示す。氷期最盛期に東南アジアは、インドシナ半島からスマトラ、ボルネオ、ジャワ、セレベス、フィリピン群島まで広がるスンダランドと呼ばれる大陸だった。ニューギニアとオーストラリアはつながってサフル大陸となり、太平洋とインド洋はモルッカ海峡とほとんど海峡のように見えるチモール海によってわずかにつながっているだけとなった。南シナ海、バンダ海、セレベス海はまるで湖のようであり、ホモ・サピエンスは筏でも十分航行できただろう（Robert-Thomson et al., 1996をもとに作成）。

らスマトラ、ジャワ、ボルネオとその周辺諸島という世界最大の島嶼《とうしょ》群が、その大陸棚ごとホモ・サピエンスに与えられたのは大きかった（図12）。そこでは、海岸には海の幸が、森には主食候補となる植物群——サゴヤシ、サトウキビ、パンノキ、サトウヤシ、サトイモなど——があり、マンゴーやドリアンなどの果実もふんだんにあった。そこは、寒冷気候の中近東・ヨーロッパ地域とも、熱帯極砂漠と化したアフリカともまったく異なる新天地だった。

出アフリカのホモ・サピエンス第1波は、広大な熱帯大陸スンダランドだけでなく、それにつながるサフル大陸も得た。この地域は現在ではほとんどが海底となっていて、遺跡から得られる証拠はごく限られたものになっているが、彼らの姿やその生活は最近の研究によって少しずつ明らかになってきている。

第一は、シベリアに4万年前まで生存していたデニソワ人の遺伝子が、ニューギニアとオーストラリア、そしてその周辺の島々の人々に残っていたことである(Reich et al. 2011)。ネアンデルタールの遺伝子はアフリカ以外のホモ・サピエンスに見られるが、この結果はさらに新たな古人類がホモ・サピエンスに関係していたことを示している。

第二は、オーストラリア・アボリジニとニューギニア高地人が遺伝的に密接な関係にあると示されたことである(Roberts-Thomson et al. 1996)。氷期にはこれらの二つの大きな陸塊がサフル大陸としてひとつながりであったことだけでなく、この地域をホモ・サピエンスが行き交っていたことが示されている。

第三は、ニューギニア高地の4万9000〜4万4000年前の遺跡で、当時の人々がヤムイモやパンダナス〔*2〕などの植物を食物として利用していたこと、そのために森林を切り開いて耕作をしていたのが確認されたことである(Summerhayes et al. 2010)。この耕作の年代は、他の地域での耕作開始とはかけ離れた古い年代を示しており、東南アジアやサフル地域でのホモ・サピエンスの生業の基本的な形が成立した経緯を物語っている。つまりヤムイモなど根菜の栽培は、水稲耕作よりはるかに古い起源をもっているということである。

農業は東南アジアから始まった

4万9000年前のニューギニア高地でヤムイモ（ヤマノイモ）とパンダナスを栽培していた可能性は、根栽農耕の起源がホモ・サピエンス第1波による東南アジアへの拡散とほとんど同じくらい古いことを示している。その時代は、スンダランドでは7万年前のトバ大噴火前後に遡ると考えても、それほど間違いではないだろう。

東南アジアの根栽農耕は、「照葉樹林文化論」を展開した中尾佐助《なかおさすけ》（植物学者、大阪府立大学名誉教授）によって「ウビ〔＊3〕農耕」と名づけられ、他の地域の「カリフ農耕」（アフリカ・インド起源の雑穀・夏作農耕）、「ラビ農耕」（西アジア・地中海起源の麦類・冬作農耕）、および「新大陸農耕」（根栽農耕および夏作農耕）とともに、世界四大農耕の一つとされている（中尾、1966〔＊4〕）。

中尾の農耕起源地の推定は仮説提唱論者らしく、起源地を植物の遺伝子の中心地によって分析し、おおよそ6ヶ所（アジア西南部、アジア東南部、中国東部、地中海沿岸地域、アフリカ北東部、および中南米山岳地帯）としたロシアの遺伝学者ニコライ・ヴァヴィロフのとりまとめ（ドゥ・カンドル、1953の訳者序より）に比べて、いかにも簡略である。しかし、インドとアフリカの農耕を一括りにするほど簡略化してよいかどうかはともかく、東南アジアの根栽農耕が世界の農耕の始まりの一つの中心であるという中尾の指摘には、納得できるものがある。

もっとも、中尾は東南アジア熱帯降雨林に始まった「ウビ農耕」の内容にまで踏みこんで論じたわけではなかった。彼は東南アジアにおける農耕方式に、野生植物の採集、半栽培、根茎作物栽培、ミレット栽培、イネ水田の五つの発展段階〔*5〕を想定し、「その農耕は、熱帯のタローイモ類のなかからサトイモだけを受け取り、ヤムイモの中から温帯原産のナガイモだけを栽培化した」（中尾、1967：368頁）として、北方の照葉樹林地域で雑穀を取り入れたことが陸稲栽培につながり、さらに次の段階の水稲農耕へとつながったと説明するようになった。こうして中尾は、熱帯雨林の辺縁にある照葉樹林地域での農耕が日本の稲作に続くとする「照葉樹林文化論」を主張したのである。

この照葉樹林文化論は重要なところで間違っているという指摘がある（池橋、2005）。たしかにサトイモは山間部でもできるが、その一名はタイモ、つまり水田のイモである。サトイモは品種によってはミズイモとさえ呼ばれるように、水辺の植物なのである。あの幅広い厚手の葉は、乾燥地のものではない。照葉樹林文化論者たちはサトイモの生態的環境を照葉樹林としたために、そこでの農業は焼畑だと考えてしまった。そのために水稲農業という、山地の農業とは別種の耕作を陸稲から説明することになった。

照葉樹林文化論者たちはサトイモの生育環境について、「照葉樹林」内というおおざっぱすぎるとらえ方をした。マクロな植生から言えば、サトイモは常緑樹林域の植物であり、それを照葉樹林の植物と言っても用語だけの問題ですむが、農耕の起源との関係で見れば、サトイモの生育環境はその林の中でも川辺や沼地などの水辺だったことが決定的である。

稲作農業以前の農耕では、サトイモ（東南アジアのタロイモと同種）は炭水化物の摂取のためにはきわめて重要な食糧源で、イネはこのサトイモと同じところで栽培され始めている。照葉樹林文化論者たちはそのサトイモの栽培場所を照葉樹林とし、さらに山地だと想定したために、イネの栽培も陸稲から始まったとしてしまった。陸稲は種子を毎年、畑に直まきするものだが、水稲は苗代をつくって苗を水田に植えるという根本的な違いを、彼らは見逃してしまったのである。

イネの品種改良の専門家である池橋宏《いけはしひろし》（日本大学教授）は、イネの栽培についての陸稲起源説の問題点（矛盾点）を、以下のように挙げている（池橋、２００５：42－51頁）。

第一、種子の直まきで湿地にイネを植えても生育できないこと。水中では種子は呼吸できないし、雑草にたちまち覆われてしまうなど阻害要因が多すぎる。

第二、棚田は畑からはできないこと。種子をまいて水をためると、種子は発芽できない。棚田はもともと湛水した水田があったところから斜面上部へ水田が発展したものである。

第三、水稲と陸稲には、収穫に関係する短日感光性や休眠性について遺伝子のレベルで違いがあり、もとの性質に簡単には戻れないこと。

第四、一年生の陸稲は遺伝的多型性に乏しく、種子の成熟後「枯れ上がり」が起こるなど遺伝的機能が失われていること。日本で栽培されているイネは多年生で、遺伝的多様性を保っているが、一年生の品種から多年性の品種が生まれることはありえない。

第五、照葉樹林文化論者たちは焼き畑を農耕の起源と想定しているが、この農法は「ゼロから出発して、ゼロに帰る」という「採取・狩猟の補完的なものにすぎない」こと。持続的な高い人口扶養力をもつ「湿地でのイネを含む根栽農耕」こそ農耕の起源に置かれるべきであろう。

農業の前には漁撈があった

サトイモやイネの生育地について生態学的に無理な説明を重ねている照葉樹林文化論に対して、東南アジア起源の「ウビ農耕」から水稲の起源を解き明かした池橋は、カール・サウアー（カリフォルニア大学地理学教授）の著書『農業の起原』を紹介して、農業の起源地が中近東メソポタミアではなく東南アジアであると正しく位置づけている。

彼（サウアー）は農業の発生地として、「漁業農業文化の興隆に適したのが東南アジアであり、ここで家畜的動物（ニワトリとブタ）と栄養繁殖による栽培技術がはじまった」と述べた。……サウアーは、食べられる部分が直接にタネモノとして栽培に使われる「根栽農耕」が、世界

の農業の始まりであると主張した。（同書：15頁）

サウアーが「家畜的」とわざわざ断っているのは、ニワトリとブタは宗教的、儀式的に重要な動物であり、のちの時代にステップ草原で広がった牧畜——多数のヤギ、ヒツジを飼育し、それらに食物と衣類を全面的に依存する——とは、まったく違った形の飼育動物だったからである。また、「栄養繁殖」とは、植物の茎や根を株分けして増やす技術のことであり、サトイモ、バナナ、イネはこの「栄養繁殖」で栽培する食用植物の代表である。

中でも熱帯地域でタロイモとして知られるサトイモは、現在でも主食として太平洋諸島で利用されている重要な栽培植物である。4万年前のニューギニアの山地でヤムイモ（ヤマノイモ科）がすでに栽培されていたように、水の多い低地ではタロイモ（サトイモ科）が旧石器時代から重要な食糧だった。ホモ・サピエンス史上最も古くから栽培され、利用されてきた植物はサトイモ・ヤムイモである。

これに比べれば、コムギの栽培開始はサトイモ・ヤムイモ栽培よりも数万年も遅い。コーカサスからメソポタミアでコムギの栽培が始まったのは、どんなに古くみても1万5000年前であり、一粒系コムギから二粒系コムギがつくられ、それとタルホコムギとの交雑品種の普通コムギが栽培されるようになったのは7500年前にすぎない。現在ではサトイモはイネの栽培に圧倒されているが、東南アジアで農耕が始まった時の主役がサトイモだっただろうと考えるには、他にも理由がある。

野生イネはすべて水辺の多年性植物で、穂は貧弱である。サトイモなどが作られていた住居近くの小さな水田に、イネは雑草として生えていただろう。やがてそのイネの株を移植して、そこに稔るコメを、はじめはおそらく主食としてではなく、薬用を兼ねた玄米茶などに利用していたのだろう。（同書：17頁）

はじめは原始人たちにとって、目前の貧弱なイネから穀物をとって、漁撈や狩猟の補いに食糧を得ることは想像外のことであったに違いない。（同書：18頁）

コムギのような種子栽培がイモ類の栽培より数万年も遅くなったのは、コムギやイネなどの禾《か》本《ほん》科植物の小さな種子は、そもそも大型類人猿の食物のリストに入っていなかったこと（コムギの種子を食べるためには、種子を覆う堅い殻を砕く挽き臼が必要である）と、それがホモ・サピエンスの食欲を充たすほど大量に集められるものではなかったことによる。

一方、イモ類は煮炊きしたり、焼いたりすれば、ホモ・サピエンスの食欲を満たすのに十分な量が取れる。そしてサトイモは水辺の植物であり、ホモ・サピエンスにとって身近だった。

その後にイネの水田耕作がどのように始められたかについては、池橋の労作『稲作の起源――イネ学から考古学への挑戦』に詳細を委ねるとして、このように食という面から見た時の、ホモ・サピエンスにとっての東南アジアの有利さは、中近東やヨーロッパとは比べものにならない。河川、湖沼、海洋の魚貝類に加えて、そこには根菜類、ヤシ類、バナナ、そして蔬菜《そさい》と果実を一年中手に入れることができる環境があったからである。それを踏まえて、池橋は次のように記している。

野生イネの生育する湖沼の多い地帯では、もともと原始人の生業としては魚介類を取ることが重要であった。サウアーは、東南アジアでは漁撈が農耕よりも先にあったと考えた。（同書：19頁）

現在（東南アジアの）熱帯地方の人々の生活を支えているのは、ココナッツ、イネ、バナナおよび新大陸起源のキャッサバ〔＊6〕などのほかは、漁業である。（同書：57頁）

従来、農耕の起源としては中近東のコムギ栽培が最も古いものとして考えられてきた。しかし、すでに4万年前にニューギニアでヤムイモが栽培されていたように、東南アジアではタロイモ（サトイモ）、ヤムイモなどのイモ類を栽培する農耕が中近東の農耕よりもはるかに古くから行われていた。

そのタロイモがある河川周辺や湖沼まわりの低湿地は、ホモ・サピエンスの誕生と同じほど古い漁撈の適地だったことが重要である。東南アジアの根栽農耕は、その基盤に漁撈をもっていた。漁撈と根栽農耕が結びつく時、タンパク質と炭水化物の栄養が保証される。水稲栽培はこの根栽農耕から発展したのだから、漁撈と深く結びついているのは当然なのである。

熱帯雨林での生活の実態とは

かつての熱帯雨林での生活がどのようなものであったか。その実態は、ニューギニア奥地に取り残された元大日本帝国陸軍の残留兵士たちの自活生活の記録から、私たちはうかがい知ることができる。

それによると昭和19年（1944）6月17日に兵士17名がニューギニアで孤立した生活を始めることになった時、彼らの手元にあったのはバナナ（最終氷期にはまだ栽培化されていない可能性が強い）とパパイア、タピオカ（キャッサバ）、サツマイモ、タバコ（以上はすべて中南米起源の栽培植物）だった。

彼らが最初に主食として考えたのは、バナナだった。バナナの苗を植えつけて、ついに全員が食べきれないほどの収穫を得られるようになったのは、孤立生活から6年目のこと。しかし、それは失望の時でもあった。

ものの二ヵ月もたたぬ間に、あれだけ喜んでいたバナナがどうしても喉を越えなくなってきたのだ。……無理して食えば胸が熱くなり、頭がふらふらしてくる。……

……最近になってはバナナに手を出す者もなく、時折気まぐれに食ってみるくらいのもので、主食は再びもとの甘藷に還ってしまった。

……こうしてバナナ主食の夢は完全に大失敗に終わり、バナナ畑は自然、放置の状態となってしまった。（島田、2007：297頁）

「バナナ主食の夢は完全に大失敗」だったのは、バナナがカリウムを高濃度に含むためで、たくさん食べすぎると高カリウム血症になるからである。カリウムの血中濃度があまりに高くなると筋力が低下し、筋肉痛や悪心《おしん》、嘔吐《おうと》、便秘、痙攣《けいれん》から始まって重度になると四肢麻痺や不整脈にもなる。これはニューギニアで兵士たちがバナナ主食化を始めた時の初期症状に一致している。

この事実は、ホモ・サピエンスが新しい環境下で主食にできる食品の限界について重要な示唆を与えてくれる。われら霊長類は多様な食物をとることができるが、それだけを食べ続けるといろいろな障害が引き起される可能性がある、と〔*7〕。

ニューギニアの森林内で取り残された兵士たちは、炭水化物をサツマイモ、キャッサバ、バナナと原産のサゴヤシでまかない、タンパク質は鳥類（ヒクイドリ）やイノシシから得ていたが、その捕獲は銃に頼っていた。そのため、弾丸が底をついた時から本当のサバイバルが始まった。

彼らが川での魚釣りの可能性に気づいたのは、密林生活を始めて7年後の昭和26年12月のことだった。ニューギニアでのサバイバル記録を残した島田覚夫《しまだかくお》は岡山県の出身で、一緒にいた兵士たちも平野か都市で少年時代を過ごしたために、すぐそばにある川を食糧源として考えられなかったのかもしれない。それは、魚獲りと言えば釣り、釣りと言えば釣り針、という、彼らの発想からもよくわかる。

しかも彼らは釣り針をつくるのに、ずいぶんと手間をかけている。なにしろまず炭をつくり、ふいごをつくり、鉄を加工したのだから。しかし、いざ釣り針の製作に成功すると、それは彼らに大きな成果をもたらした。

何分、今まで誰も釣ったことのない川なので、全然警戒せず、面白いほど食いつく……。

それにしても、こんな大きな魚がいようとは思ってもいなかった。八寸（約24㎝）以上もある鯉のような魚で、食ってみると味も上々（同書：３４３頁）

ホモ・サピエンスが魚を取っていた19万年前のアフリカ・オモ河と同じように「思ってもいなかった」大きさの魚が、「面白いほど」釣れたのである。しかし魚をとるには、本来はもっと効率的な方法がある。それは、漁撈民なら子どもでも知っているが、元兵士たちには「突拍子もないこと」に思えたようである。

さて、このごろまた八重樫（兵士のひとり）が突拍子もないことを思いついた。……内地でやる「鰻籠」を作って獲ることを考えたのだ。

例によって彼は熱心に籠を作り始めた。籐蔓を割き、直径二尺、長さ四尺ほどの籠に編み、それに「かえり」をつけたもので、餌はみみず、野鼠などを入れた。……一週間、十日と何も得られず、さすがの彼も半ば諦めかけた頃、まず、えびがとれ、しばらくすると待望の鰻がとれて、ついに彼の努力は報いられた。

彼の喜び勇んで持ち帰った鰻を見て驚いた。ものすごく大きいのだ。秤を出してかけてみると五百匁（約２㎏）近くもある。……なお、先頃とれたえびも大きな触角を持ったもので、

伊勢えびほどの大きさはあるだろう。（同書：354頁）

おそらくスンダランドの環境は、今見たように水産資源が無制限のニューギニアに近いものだっただろう。そこでは、1万5000年前に犬を飼い馴らし、また水稲栽培が始まるまで、この兵士たちと同じような漁撈と根栽農業を基盤とした生活が続いていたに違いない。

温暖期を待ち、力を蓄える人類

東南アジア〔＊8〕では、多くの民族は海岸や水系の近くで定住して生活し、住居は高床で、移動手段として筏や丸木舟を使っていた。彼らの生計は、第一に周辺の水系でとれる魚貝類にたよっており、次が住居周辺の栽培植物であった。

栽培植物の中で最も重要なものは、ヤムイモとタロイモ（サトイモ）である。タロイモを増やすことはごく簡単で、種イモを植えておけば、その頂芽《ちょうが》から親イモが、側芽《そくが》から子イモができる。この子イモを切り取って植えつければイモが収穫できる。この栽培の簡単さと収量の多さこそ、タロイモが漁撈採集民にとって重要な食物となった理由である。

このタロイモは中国南部から東南アジア（日本では沖縄や山形県庄内《しょうない》地方）では、水田栽培が行われている。先に述べたように、かつては、イネはこのタロイモ水田に雑草として生えていたと、池橋は考えている(池橋、２００５：72頁)。

漁撈・狩猟採集民にとって、野生のイネの穂の種子を食物として見ることには、無理がある。それは、食糧としてはあまりにも収量が少なく、収穫の労力にまったく見合わない雑草でしかない。野生イネの穂のまばらな種子は、１個でもある程度の食欲を満たすことができるサトイモとは比べものにならない。そのイネが栽培植物としてつくられるには、長い選抜の時間があっただろう。その選抜の技術を支えたのは、タロイモを株分けして増やす根栽農耕の技術だった。

タロイモ水田に生えていた野生のイネは、春にその株が大きくなってくると、株分けして増やし、薬用のお茶のようにして利用された可能性がある。栽培イネの先祖とは異なるが、野生のイネの一種の学名が「薬用イネ」となっていることに、池橋は注目している(同書：１０５頁)。

ジュズダマはイネと同じように湿地の植物だったが、その種子が装身具に利用されて栽培されているうちに、殻の薄いハトムギが突然変異によって生まれて、当初は薬用に使われたが、その後食用になった。それと同じように当初は薬用程度につくられていたイネが、選択の結果、穂が大きくて育てやすい品種が生まれ、穀物の収穫が飛躍的に増えたのだという。

サトイモの水田があり、そのすぐ近くにやはり株分けされるクログワイ、バナナあるいはウコンなどのある「園芸的栽植」の状況では、野生のイネが一年性の種子植物として栽培化されるよりも、株分けで栽培化されたと見たほうが無理がない。（同書：117頁）

サトイモ水田の近くには湖沼や河川があり、そこでの漁撈とサトイモ根栽は食事の両輪だった。この根栽と漁撈のアジア的生活様式は、水田での稲作が広がるにつれて水稲と漁撈を軸とする生活様式を広げていくことになった。

長江下流域からタイ、ラオス、ベトナムとミャンマーのシャン高原まで、定住して水稲栽培をする集落（村《むら》）にあたる言葉は「ムアン」である（同書：146頁）。これを漢字では「勐《ポウ》」と表記するが、そこでは「水田を取り巻く水路で淡水魚をとる工夫」（同書：146頁）がある。

この工夫は、はるかに日本列島にまで伝わっている。水稲耕作の典型的な集落を示す弥生時代の登呂《とろ》遺跡からは、水稲栽培用具とともに漁撈道具が発掘される。登呂遺跡の魚伏籠《うおふせかご》は水田漁撈の道具として、インド、東南アジア、東アジアの水田地帯に今も広く分布しているものである〔＊9〕。

漁撈と水稲耕作によって特徴づけられる文化複合は、よく知られているように、筏や平底の舟をもち、竹を利用する漁具、鵜《う》飼いと高床式の住居を特徴としている。さらに整備された水田用の水路や貯水池などが水田ともども、春には湖沼から遡る淡水魚の産卵場所になる。

四月のはじめ、春の菜種梅雨のころに河川や湛水水路が増水すると、湖沼から大きなコイやフナが水田や付属の水路にのぼってきて産卵する。島根県の宍道湖《しんじこ》の西岸で育った私は、子供のときそんな魚を手づかみでとったことが忘れられない。(同書：203頁)

日本固有のコイは琵琶湖《びわこ》や四万十川《しまんとがわ》などに残存するだけで、多くはヨーロッパや中国からの外来種だが、春の産卵時期には浅い水路に好んで集まって壮観な光景を展開する。数百のコイが集まって水面を盛り上げ、大きなメスのコイは腹を卵で太らせ、黄金色に輝く。

海浜、水辺の採集生活は、アサリやマテガイを掘る、シャコを掘り出す、サザエ、アワビを潜ってとる、タコを突く、カキの貝殻の縁の鋭さに気を配る、ガザミの爪にはさまれないように気をつける、ウニのトゲに注意するなどなど、微妙な「感触」の連続である。

最終氷期の厳しい寒さにかかわらず、ホモ・サピエンスはこの東南アジアの海辺の食の豊かさの中で漁撈と根栽栽培で力を蓄えていた。新しい装備と精神力を氷河期の最大厳寒期に開発していたホモ・サピエンスは、まったく新しい人類種として羽ばたくために、温暖期を待っていたのである。

アメリカ大陸への進出

ホモ・サピエンスの第1波は最終的にアメリカ大陸へと至ったが、彼らのアメリカ大陸への進出は、最終氷期の最寒冷期以前から始まっていて、1万年前よりも前にアメリカへ渡ったグループは、遺伝的研究から少なくとも2回の移住があったとされる。

1回目は北米大陸西海岸ルートの1万6000年前であり、南アメリカまで一気に広がったらしい。2回目は、ロッキー山脈の東側を南北に走る無氷回廊ルートで、1万3000年前にここを通ったグループが北米大陸全体に広がったという(ライク、2018:図19、234頁)。

北アメリカの東部にあるメドウクロフト岩窟の居住層は1万9000年以上前とされ、チリのモンテ・ベルデ遺跡は1万4000年前のものであり、オレゴン州のペイズリー洞窟での排泄物は1万4000年前のものだった(ライク、2018:237頁)。サンタ・イサベル・イスタパン(メキシコ)には1万2000年前の遺跡があり、そこからはマンモスの骨と月桂樹葉形の尖頭器が発掘されている。

また、南米最南端のパタゴニア地方南部マジェラン海峡の北部海岸では、1万1000年前までに貝塚が形成されていた(クラーク&ピゴット、1970:104頁)。彼らは19世紀にダーウィンがビーグル号から観察した時まで、1万年前とほとんど同じ生活をしていた。海洋民はボートで生活しながらアシカ猟、漁撈、海鳥猟、貝の採集によって生計をたて、陸上民はグアナコ(ラクダ科ラマ属)を狩猟した。ダーウィンはこの地域の海洋民の女性が、髪の毛でつくった釣り糸で魚をとっていると報告している。

南米では、4500年前にはワカ・プリエタ貝塚(ペルー)で、網による漁撈と貝の採集を基礎に野生植物の採集と豆類やヒョウタンの栽培文化が築かれていた(同書:105頁)。北米にも、平原でバッファローを狩猟する第一のグループと貯蔵に容易な植物を集める第二のグループとともに、河川、海岸で漁撈を中心に生計をたてる第三のグループがいた。

その中のカナダのブリティッシュ・コロンビアに住む民族は、氷期からの生活を今も継続している。この地域はフィヨルドが複雑に湾入し、島々が無数に点在する漁撈民にとっての理想の生活場所で、その生活場所の背後の森林には、旧石器時代人が広く狩猟してきたエルク(アメリカアカシカ)などがいるが、彼らは利用しない。春秋に女性が集める新芽や根茎や漿果《しょうか》が、彼らの利用する唯一の陸上食物資源である。

彼らは、もっぱら漁撈活動に生計を頼り、サケ、オヒョウ、タラなどの魚類とアザラシ、トド、ラッコ、イルカ、岸に打ち寄せられたクジラなどの海棲哺乳類を捕獲する。最も重要なのは産卵期に川を遡るサケであり、ワナ、網、槍、魚銛《やす》でとり、乾かして周年の食糧として保存される(同書:133頁)。また、魚油も重要な食料として保存される。

この沿岸漁撈民の移動手段はカヌーであり、通常は杉材（レッドウッド）を使って船体をつくる。また、家は木材で丁寧に建造され、入り口は彫刻や絵画で装飾される。また、共同体のために大きなトーテム・ポールがつくられている。これらの文化的伝統は先住民によって保持され、現在まで伝えられ、遺されている

＊1　グリフィス・T・テイラー（1880－1963）は、イギリス生まれの地理学・人類学者。スコットの南極遠征隊の生存者で、南極では西地質学隊のメンバーだった。アメリカのシカゴ大学、カナダのトロント大学で地理学教授。

＊2　ヤムイモはヤマノイモ科ヤマノイモ属で塊茎を食用にする。日本でも古くから利用されてきた。パンダナスはタコノキ科タコノキ属の一種で、日本では南西諸島のアダンが知られている。4万9000年前のニューギニアでは、そのナッツが主食だったと報告されている。

「ニューギニアの高地民の高地居住限界はだいたいバナナの栽培限界にあたっており、この高度にはパンダナス（タコノキ属）がたくさんあって、利用されている。ニューギニア全島にはパンダナスは多数の種があり、高度によって分布が異なり、その一部分が利用されている」（中尾、1981）

＊3　中尾の論文を説明した池橋は「サトイモを指す広く分布している名前」（池橋、2005：56頁）と説明しているが、このウビという言葉がどこか懐かしい感じがして、気になった。「なんだろう？」と考えていて、ふと思い当たった。マダガスカルに「ウヴィ・ラヌ」がある。ラヌは水で、つまり「水のイ

モ」である。これはレースソウという透明な水中に葉脈だけの葉を広げる優雅な植物だが、そのイモが食用になるので、マダガスカル語では「ウヴィ・ラヌ」と呼ぶ。「山のイモ」は「ウヴィ・アラ」である。マダガスカルはホモ・サピエンスが拡大した最終的な離島で、その人々はインドネシア出身なので、言葉は共通するものが多い。

＊4　中尾の農耕起源論における農耕文化の類型は、論文によってそれぞれ呼称が少しずつ異なっている。東南アジア熱帯雨林の「根栽農耕文化」（サトウキビ、タロイモ、ヤムイモ、バナナ）、アフリカとインドのサバンナの「雑穀農耕文化（サバンナ農耕文化）」（ササゲ、シコクビエ、ヒョウタン、ゴマ）、オリエントのステップ冬雨地域の「麦作農耕文化（地中海農耕文化）」（オオムギ、コムギ、エンドウ、ビート）、および新大陸の「新大陸農耕文化」（ジャガイモ、菜豆、カボチャ、トウモロコシ）などである。

＊5　「第一　野生採集段階：堅果類（クリ、トチ、シイ、クルミ）、野生根茎類（クズ、ワラビ、テンナンショウ）」→「第二　半栽培段階：品種の選択・改良（クリ、ジネンジョ、ヒガンバナ）」→「第三　根茎作物栽培段階：サトイモ、ナガイモ、コンニャクイモの栽培、焼畑農業」→「第四　ミレット栽培段階：ヒエ、シコクビエ、アワ、キビ、オカボの栽培」→「第五　イネ水田栽培」

＊6　キャッサバはタピオカ、マニオクとも。英語ではCassavaまたはTapioca、フランス語ではマニオク（Manioc）。トウダイグサ科で、この科には毒性のある種が多い。タピオカとはキャッサバの根から取ったデンプンだが、この根には毒性があり、しかも強力な青酸配糖体なので必ず下処理が必要となる。

＊7　バナナではなく、サツマイモなら大丈夫というわけでもない。ニューギニアで現地人とともにサツマイモ主食の生活をした本多勝一（朝日新聞記者）は、次のように報告している。

「一〇〇％現地食の生活を実行しはじめた私は、二日目にうんざりしてきた。……四日目。明らかに変調をきたし、腹が張るような、ガスが蓄積するような感じ。五日目。ついに本格的下痢だ。これはい

けない。私は直ちに、私たちの用意していた食生活にもどった」（本多、1981：64－65頁）

「イモを主食にする彼らが、いかに平気だといっても、栄養として完全でないことは明らかである。……甲状腺腫が、とくに女に多い」（同書：66－67頁）

＊8　揚子江流域以南と考えたい。それはかつて「照葉樹林」と呼ばれた地域を含むが、それを含んで東南アジア全域を指すので、常緑樹林のほうが適当である。最終氷期極大期の植生では、モンスーン森林や熱帯森林に対応する。

＊9　私たちは今でも東南アジアの田舎や太平洋の島々で同じような生活が続いているのを見ることができる。パラオの生活はこの典型である。パラオは長い日本の統治のあと、アメリカ合衆国の支配を受け、ついで独立したが、住民の生活はまったく変わらなかった。日本統治下では、日本人が原野を切り拓いて低地で稲作、乾燥地でサツマイモなどを耕作したが、第2次大戦以来、それらの耕作地は放棄された。人々は、家のまわりにバナナとタロイモと各種の果樹を植えて主食を自給している。タロイモは雑草の中で生き生きと葉を広げ、バナナは熟して茎が折れ、マンゴーの果実も熟れすぎて地面に落ちている。日本人なら拾ってあげたくなるところだが、パラオの人は気にしない。

第6章
農耕牧畜文明に漁撈の痕跡を探る

西ユーラシアの旧石器時代文化

ユーラシア大陸をロシアのウラル山脈とインド亜大陸のインダス河を結ぶ線で大きく二つに分けた時、その西側を西ユーラシアと呼ぶ。現在の国境では、ロシア、カザフスタンを東西に分け、中央アジアのキルギス、タジキスタン、パキスタンから西の中東諸国とヨーロッパ諸国の全体を指すことになる。この地域は、最終氷期以来の遺跡がユーラシア大陸の東部地域よりも保存されているために、ホモ・サピエンスの各グループの交替劇について人類史に格好の題材を与えてくれている。

7万年前の最終氷期の始まりにアラビア半島に渡ったホモ・サピエンスの中には、東進してインド亜大陸沿岸からスンダランドへ達したグループの他に、ホルムズ海峡以西の氷期に陸化したペルシャ湾とユーフラテスの大平原や地中海東海岸のレヴァント地方にとどまったグループがいた。

ペルシャ湾の大平原の北岸は、最高峰4548mのザルド山をもつザグロス山脈が広がって凍結しており、ヨーロッパはもとよりユーラシア大陸内部への道は閉ざされていた。しかし、5万年前に始まる最終氷期の温暖期にその道が開かれたことで、このグループはホモ・サピエンス第2波としてユーラシア大陸内部に進出し、4万年前にはヨーロッパに到達して、西ユーラシアを席巻したのだった。

彼らはヨーロッパ先住者のネアンデルタールとごく短期間(2000~5000年間)共存したが、ネアンデルタールの絶滅後は唯一の人類種としてヨーロッパで最終氷期最寒冷期に直面する。ヨーロッパに入った最初のホモ・サピエンスは、ネアンデルタールが使っていたのと同じ中期旧石器から移行期を経て、後期旧石器文化を展開したことでよく知られている。

とはいえ、後期旧石器文化の特徴であるいくつかの技術が、アフリカやアジアでは西ユーラシアよりもかなり早い時代に確認されていることは、マクブリーティーとブルックス(McBrearty and Brooks, 2000)が指摘した通りで、たとえば、投げ槍は西ユーラシアでは2万年前から知られるようになったが、アフリカのコンゴでは、9万年前に漁撈用に角でつくった逆刺のある投げ槍の先端が確認されている。また、ヨーロッパでは釣り針は2万3000年前から、弓矢は1万2000年前からとされるが、東チモールのジェリマライ遺跡(Jerimalai shelter)では4万2000年前の外洋魚の骨と年代不明の貝製の釣り針が確認されている(O'connor, Ono and Clarkson, 2011)。

このように彼らの技術水準が、必ずしも他の地域より進んでいたわけではないことには注意が必要である。しかし、西ユーラシアの旧石器時代の遺跡は他地域に比べて多く、生活の詳細を年代を追って明らかにできる点に顕著な特徴がある。

ホモ・サピエンスへの交代劇

西ユーラシアの最初の事件はネアンデルタールからホモ・サピエンスへの交代劇だった。この二つの人類は、両種とも5万年前までは中期旧石器(ムスティエ文化)を同じように利用していた(図13)。

ネアンデルタールのムスティエ文化における典型的な石器は、サイドスクレーパーと尖頭器だった。この石器は、彼らがその強力な握力で握りしめて使ったと考えられるもので、尖頭器の中にはノウマの頸椎に突き刺さって発見されたものもあり、その威力には驚くしかない。

この広く使われたムスティエ文化の中期旧石器と、4万年前からヨーロッパなど西ユーラシアで広がるホモ・サピエンスのオーリニャック文化の後期(上部)旧石器の間には、文化的な移行期が見られる(図14)。この移行期文化にはフランスやスペインのシャテルペロン文化、イタリアなどのウルッツア文化〔＊1〕やハンガリーのセレタ文化(クラーク＆ピゴット、1970：59頁)などがある。

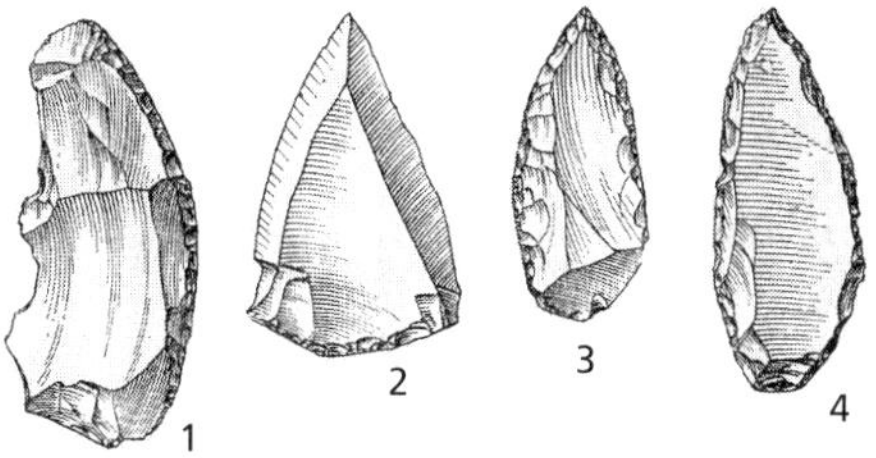

図13　ムスティエ文化の典型的な石器
1は外彎形サイドスクレーパー、2はルヴァロア型尖頭器、3と4はムスティエ型尖頭器である(ボルド,1971：図26より)。

　この移行期文化の担い手は、ヨーロッパ内でもかなり多様で、南ヨーロッパではホモ・サピエンスだが、フランスのシャテルペロン文化ではネアンデルタールがホモ・サピエンスの文化を模倣したとされる。フランスのサン・セザールの遺跡では石刃や象牙のビーズ、貝の工作品などもあり、ネアンデルタールがホモ・サピエンスの文化に影響され、魚貝類を利用していたことがうかがわれる。

ヨーロッパではオーリニャック文化はネアンデルタールのムスティエ文化の北方に分布し、3万8000年前以降には、ヨーロッパ全土からアナトリア、レヴァントに広がった。中東では、ムスティエ文化はネアンデルタールとホモ・サピエンスとの両方によって担われたが、4万年前には移行期文化も終了し、

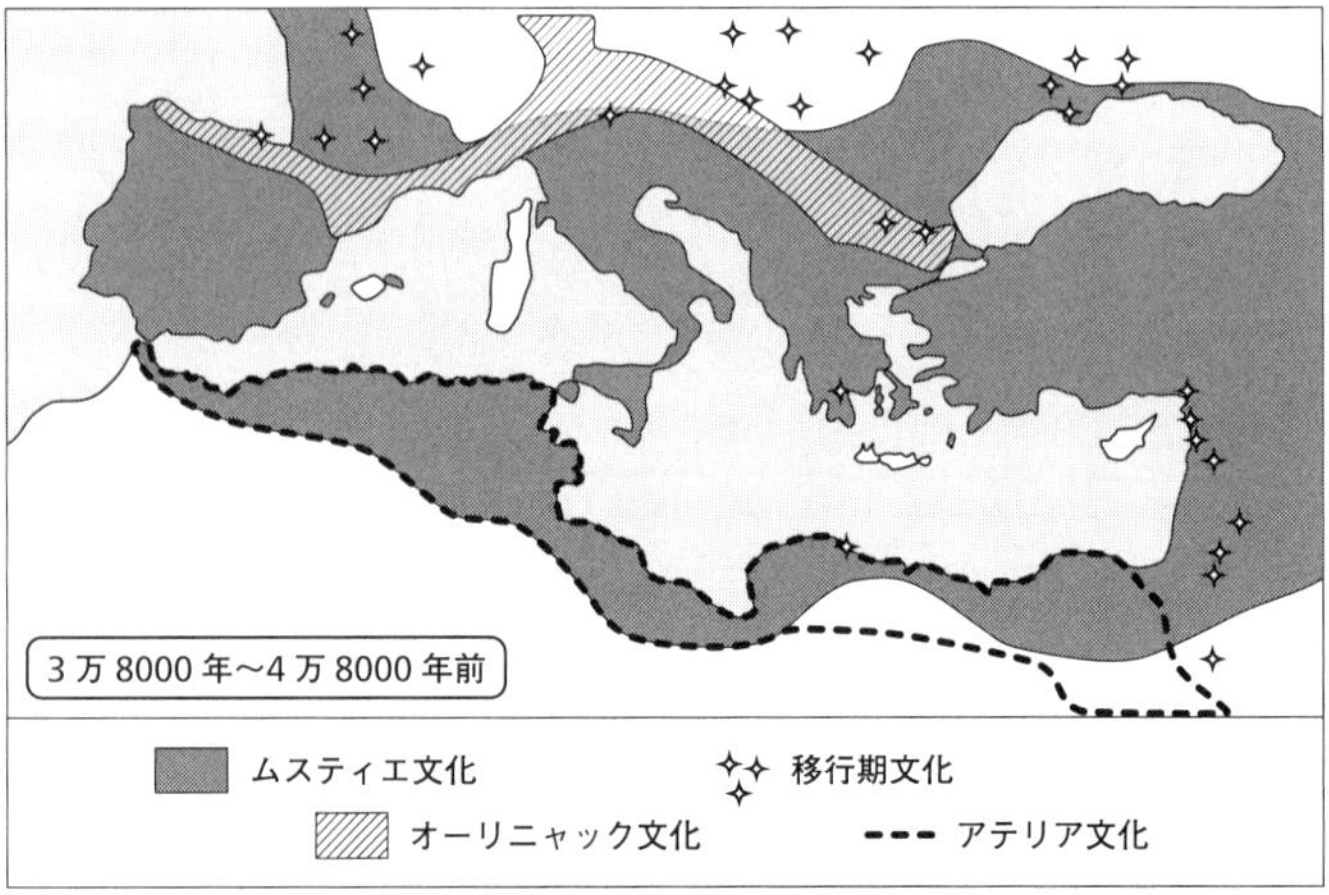

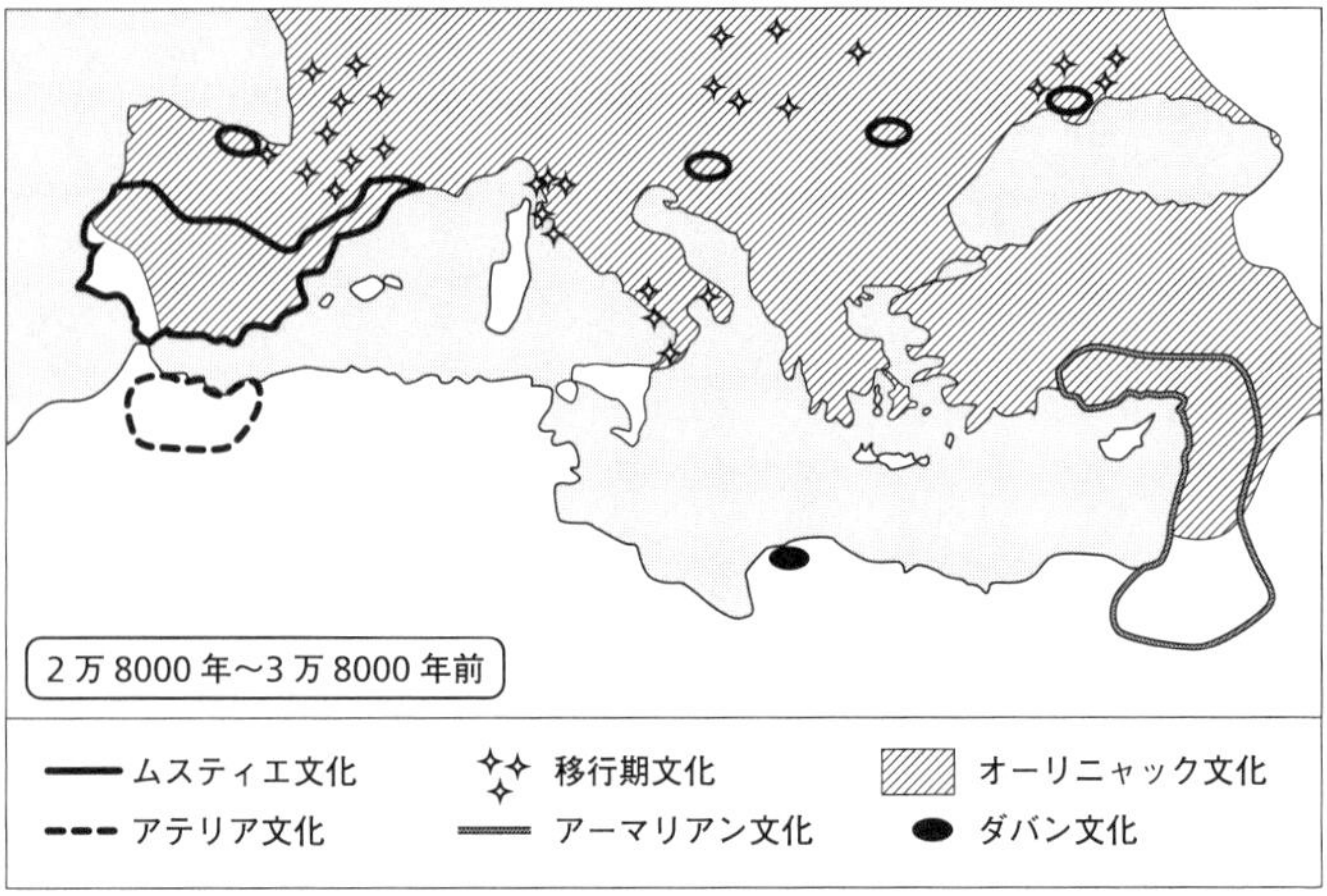

図14　ムスティエ文化とオーリニャック文化の分布
星印は移行期文化の見られる場所を示している（Finlayson and Carrión., 2007をもとに作成）。

3万年前にはオーリニャック文化が現れる。

オーリニャック文化の起源は、アナトリアからユーフラテス流域のどこかにあり、4万年前にはバルカン半島に入り、東はロシアのコスチェンキ（3万7000年前）、西はベルギーのゴイエ洞窟（3万5000年前）からイベリア半島まで、ヨーロッパ全域に及んだ。

この文化は特徴的な石刃や細石刃、新素材である骨角器などによって知られている（図15）。石刃では、石片を平行に打ち出して二側縁をつくる特別な石器加工技術（ブレード技法）に特徴があり、それがこの文化の指標となっている。さらに槍や銛などの複合的な器具をつくり上げるために、石器の端や一つの側面をほとんど垂直にする調整加工法が用いられた。また、様々な形の彫器（彫刻用石器：ビュラン）が使われ、骨や角から針、銛、錐《きり》がつくられるようになり、加工された角や骨自体に装飾的な図案や写生図が刻み込まれた（同書：52－53頁）。

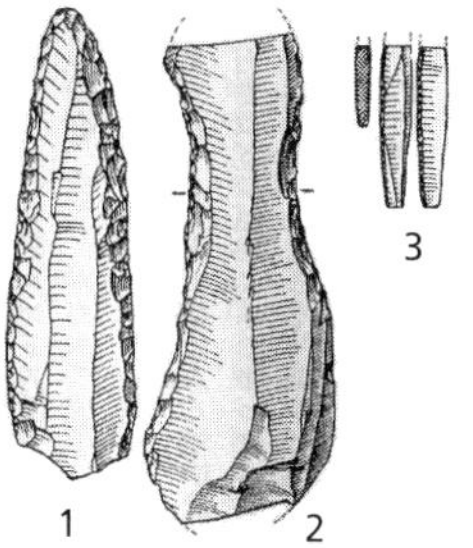

図15　オーリニャック文化の石器
1はオーリニャック型石刃、2はヒョウタン形石器、3はデュフール型細石刃。ヒョウタン形石器はそのくびれにポイントがあり、ここに木の棒をくくりつけて槍にし、これを投げ槍としても使った（ボルド、1971：図46より）。

この文化はヨーロッパでは3万年前に、東から流入してきたグラヴェット文化に置き換わるが、レヴァント地方（近東の地中海側）では2万年前頃までアーマリアン文化と共存した。なお本書で詳しく触れることのできない様々な石器文化についてはフランソワ・ボルド『旧石器時代』（平凡社）、G・クラーク&S・ピゴット『先史時代の社会』（法政大学出版局）、竹岡俊樹『旧石器時代人の歴史』（講談社選書メチエ）を参照されたい。

グラヴェット文化とマドレーヌ文化

ロシアからウクライナでマンモスの狩人として知られているグラヴェット文化の担い手は、ヨーロッパの北方、黒海北岸のコスチェンキあたりを発祥の地として、ヨーロッパ中央に3万1000年前に、またベルギーには2万8000年前に広がり、1万8000年前までに全ヨーロッパに広がった。

最近の遺伝学的な研究では、この文化を担った人々はオーリニャック文化を担った人々と同じ系統のホモ・サピエンスで、彼らのうちで東方に分岐したグループだったとされる（ライク、2018：145頁）。

彼らのつくった広く厚い貝塚からは、マンモスの他にカモシカ、ウマ、ホッキョクギツネ、ホッキョクウサギ、ライチョウが見つかっており、その猟には落とし穴やワナなどの仕掛けが使われていた。遺跡で発掘された石棒や石の挽き臼から、植物性食物もかなりとっていたことがわかっているが、本書の関心からは2万8000年前から内水面の魚貝類がよく利用されていたことが重要であり、それは同位元素のデータによって明らかにされている(Richards et al. 2001)。

グラヴェット文化においても漁撈は重要な生計手段であり、中央ヨーロッパからは網用の紐や魚を突くための槍が発掘されている。この文化は遺体を丁寧に埋葬することが知られており、そのことが遺跡の多さにもつながっている。遺体の装身具からは狩猟と漁撈の対象のバラエティを知ることができるが、象牙の玉、シカの犬歯の他、巻き貝の殻、ツノ貝、真珠母貝やサケの脊椎骨が見つかっている(クラーク&ピゴット、1970:71-72頁)。

イタリアのアリーナ・キャンディドでは、「イル・プリンチペ(王子様)」と命名された15歳ぐらいの人骨が1942年に発掘されたが、彼の遺体は赤いオーカー〔*2〕の中に埋葬され、頭には数百の穴あきの貝とシカの犬歯でできた帽子が被せられていた。タカラガイとマンモスの象牙のペンダントとエルクの角の「指揮棒」の三つは、穴のまわりに放射線状の模様が刻まれ、右手には23cmの長いフリントのナイフを持っていた。

この遺体の年代は2万3440年前と測定され、典型的なグラヴェット文化の埋葬例である。その遺骨のコラーゲンの同位元素の分析によれば、その食物のタンパク質の20～25%は、水棲の生物によるものだった(Pettitt et al. 2003)。これは他のグラヴェット文化の食物のタンパク質の割合と同等である。

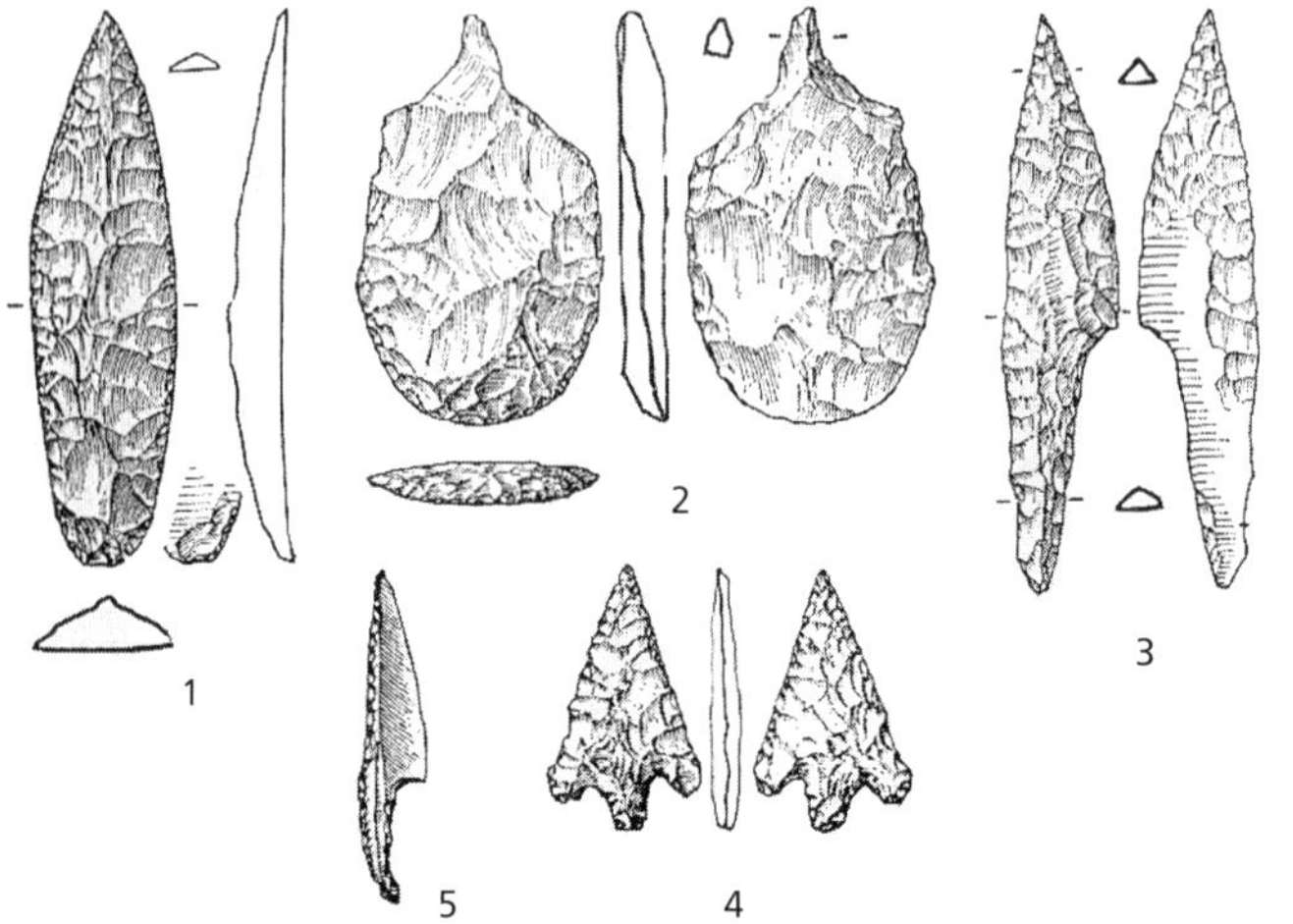

図16　ソリュートレ文化の石器
1は片面加工木葉形尖頭器、2は月桂樹葉形尖頭器の破片を用いた石錐兼エンドスクレーパー、3は有肩尖頭器、4は逆刺つき有舌尖頭器、5は有肩尖頭器（ボルド、1971：図47より）。

一方、オーリニャック文化を担った人々のうち、ヨーロッパ南西地方で残存したグループが展開した文化として、ソリュートレ文化がある。ソリュートレ文化は2万2000年前（Finlayson et al., 2012）にフランスとスペインに現れた旧石器文化であり、「石器製作はひとつの頂点に達した」（ボルド、1971：175頁）と評されるほどの完成度を誇った（図16）。この文化は同じグループによって1万8000年前にマドレーヌ文化として発展させられ、北方に拡大することになる（ライク、2018）。

マドレーヌ文化は、最終氷期の1万5000年前に始まる亜間氷期の温暖期に南ヨーロッパから北方へ拡大し、ヤンガードリアス期の最寒冷期を克服して、完新世の温暖期の1万年前まで8000年間6期（細分して8期）に分けられるほど長く継続した、成功した文化だった。またこの時期には、フランスのラスコーやペシュメルル（ドルドーニュ）、スペインのアルタミラなどの洞窟絵画が描かれたことでよく知られている。描かれたのはマンモスからオーロックス（牛の原種）やアイベックスにいたる草食動物が中心だったが、鳥や魚やヘビも描かれている。

マドレーヌ文化（マグダレニアン文化とも）は発達した骨角器を特徴とし、銛やめどのある骨針、研磨器、「指揮棒」などがある（図17）。象牙やトナカイの角や動物の歯には、彼らが狩猟したマンモスやトナカイやノウマの他、魚やアザラシが浮き彫りにされていた。フランスのロールテ岩陰遺跡から出土した「ロールテ・トナカイ（1万7000〜1万9000年前）」には、トナカイの角に並んで歩く2頭のトナカイと、その足元で跳ねる3尾のサケがリアルに彫りこまれている。

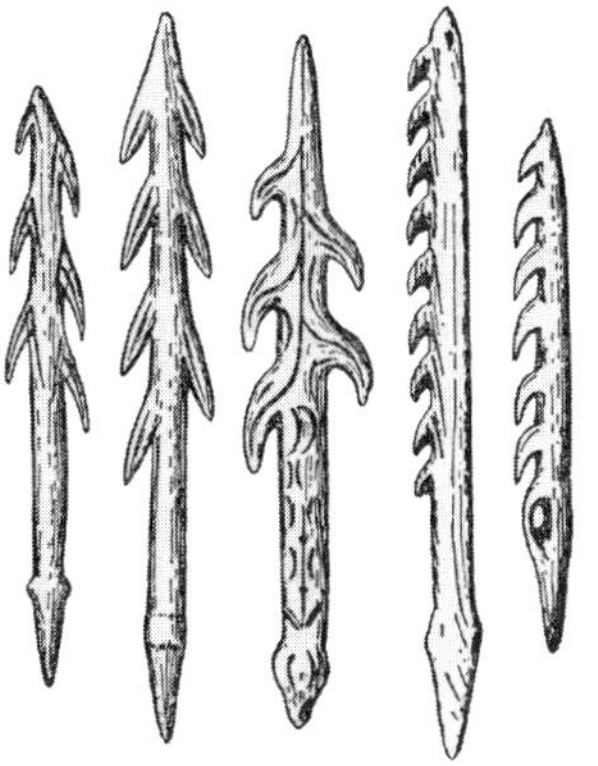

図17　マドレーヌ文化の骨角器
トナカイの角製の銛先。基部には紐がつけられるようにメドや高まりがついている（クラーク&ピゴット、1970：図22より）。

ロールテはスペインとの国境のピレネー山脈の南麓にある。最終氷期の南フランスで、浅い川を渡るトナカイの群れの足元で海から遡上してきたサケの群れが跳ねあがる、現在のアラスカのような風景を「ロールテ・トナカイ」は蘇《よみがえ》らせている。その移動性の集落あとには、海棲の貝類などの堆積があり、食用としてだけでなくネックレスなどの装飾品としても貝類が利用され、これからマドレーヌ文化人たちはかなり広い範囲で交易をしていたことが証拠だてられている。

ヤンガードリアス期の気候激変

旧石器文化から中石器文化への移行は、地中海東岸のレヴァント地方ではヨーロッパ地域よりもかなり早くから始まっていた。その代表は現在のイスラエルにあったケバラ文化と、ナトゥーフ文化である。

ケバラ文化のイスラエルのオハロ遺跡(1万9000年前)からは、9万以上の炭化した植物遺物が発掘された。それらは142種類の植物で、野生の大麦と小麦を含む草、ドングリ、アーモンド、ピスタチオ、キイチゴ、イチジクとブドウなどが含まれていた。ギリシアでも2万2000〜1万年前の洞窟遺跡からレンズマメ、ソラマメ類、そしてアーモンドが見つかっている(Klein, 2009 : 667)。これらの地中海沿岸地方では、2万年前には穀物や豆類を集中的に利用しており、のちの中石器文化の生業とつながっていた。

レヴァント地方の中石器文化のナトゥーフ文化(1万3000〜1万1000年前あるいは1万25

00〜1万2500年前とも)では、定住生活が始まった。穀物を刈りとるためのフリント製の石刃やそれをはめこむ把《つか》、さらに石臼、石の杵《きね》から、彼らが禾本科の穀類を利用していたこと、弓矢の鏃《やじり》となる細石器や骨製の釣り針からは、狩猟と漁撈も同時に行われていたことがわかっている。

ナトゥーフ人の歯の磨耗を調べた研究では、それまでの狩猟採集民の歯とは異なって、現代人タイプの大きな傷や穴があることもわかった(Mahoney, 2006)。彼らは固い穀物をくだいて食用にするために石臼を使ったが、その時に食物に混ざった石の水晶片などによって歯のエナメル質が傷つけられたのである。

ともあれ、これらのレヴァントの農耕文化はしだいに新石器農耕文化に発展し、完新世の温暖期になると同時にヨーロッパに流れ込むことになるのだが、その前にホモ・サピエンスは最も寒冷で気候変動の激しい1万2800年前から始まるヤンガードリアス期(1万2800〜1万1600年前)の1200年間を乗り越えなくてはならなかった。

この最終氷期末の激変する環境の下、中近東からヨーロッパにかけては生存の危機が幾度となく彼らを襲った。そのことをはっきりと示す遺跡群が中近東にある。シリアのアブ・フレイラの定住遺跡は、氷河期末の激動する気候に翻弄されるホモ・サピエンスの生活をよく示している(フェイガン、2008:145頁)。

シリアのユーフラテス河流域から地中海東岸のイスラエルにかけて、1万4700年前から始まる亜間氷期の温暖気候のもと、ドングリの実るオークやピスタチオの森林が帯状に広がった。この温暖期には、シリアの住民たちはピスタチオやカシの堅果、野生の小麦類、草原のガゼルをとって定住生活をしていたが、ヤンガードリアス期の深刻な旱魃の影響を受けた。この最寒冷期には、彼らはもはやピスタチオなどの森林の果実に頼ることができず、ナガホハネガヤやツルボラン〔＊3〕の種子などの雑穀を集めて食糧にするようになった。しかも、それさえ得られなくなる時がついにやってくる。

前一万六〇〇〇年（1万2600年前）には、ツルボランも穀草もアブ・フレイラから姿を消した。ピスタチオの小果実でさえあまり見られなくなった。（フェイガン、2008：154頁）

この危機に直面して、アブ・フレイラの住民は野草の栽培を試みている。ライムギ、ヒトツブコムギ、そしてレンズマメがその候補となった〔＊4〕。村の人口は300から400人ほどだったが、この栽培でさえも村を維持することができなかったことを遺跡は示している。

穀草でいろいろな実験は試みたものの、アブ・フレイラは長引く干ばつに苦しめられた。実験が始まってから数世代後に、村は放棄された。（同書：156頁）

中近東からヨーロッパの乾燥した冷温帯気候では、野生穀物の栽培は人々の生計を維持するほどの食物を生産できなかった。こうして中近東の乾燥地帯では人々は絶滅の危機に陥ったのである。生き延びたのは、幸運に恵まれたごくわずかな人々だっただろう。

北アフリカでも、1万5000年前から1万3700年前のイベロモルシアン文化(モロッコ)でドングリ類やマツの種子などの定期的な収穫が行われていたが、病理学的研究によれば大人の51・2%から歯にカリエス病変が見つかっている。これは現代人の虫歯の割合とほとんど同じで、食物に含まれる炭水化物の割合が現代人の場合とほぼ同じだったことを示している(Humphrey et al., 2014)。

ヤンガードリアス期の激烈な寒冷気候はほぼ1万年前に終わり、現在まで続く完新世温暖期に入った(図18)。中近東では温和な気候と降水のために豊かな草原が広がり、ホモ・サピエンスは極寒冷期に始めた穀物の栽培を本格化するようになった。

中近東の草原はまた、野生のヤギとヒツジという比較的扱いやすいこの2種の草食獣の分布が重なる地域であり、その頃、もう一つの助っ人が東アジアから伝わってきた。それは家畜化された犬だった。人と犬との連合は、これらの草食獣を思いのままに扱う技術をすぐに会得して牧畜を始めるようになり、同時に小麦類などの禾本科植物の栽培が始まった。

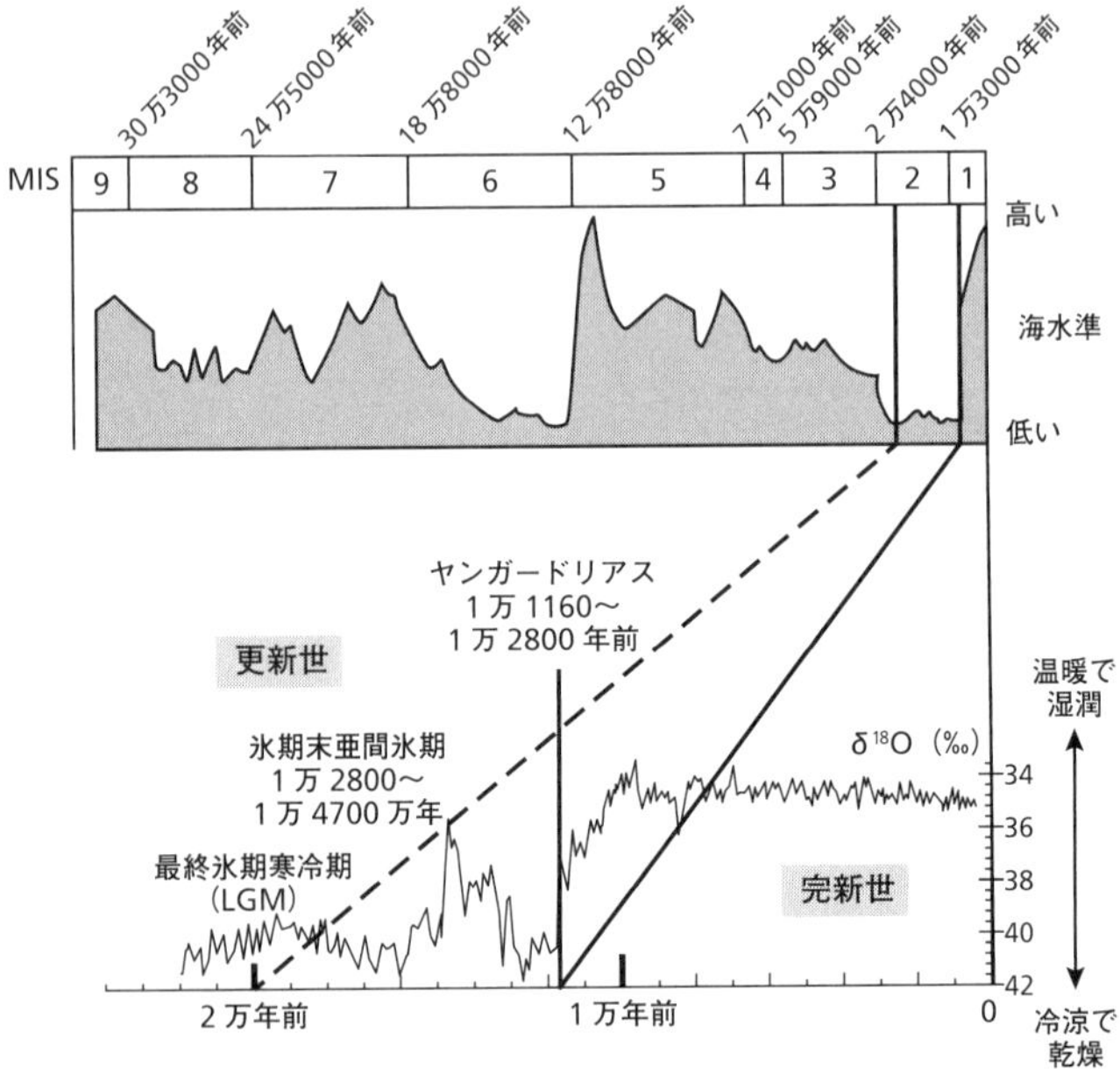

図18　更新世と完新世の気温変化

海水準の低さは気温の低さを示す。更新世と完新世との境はヤンガードリアス期にある。1万年前から8800年前までの急速な温暖化の時期をアレレード期と呼び、それ以前のヤンガードリアス期（古ドリアス期とも）とそれ以降の新ドリアス期（8800〜8300年前）とを区別することもある。

ヤンガードリアス期の厳密な期間については諸説あり、1万2800〜1万1700年前とも、1万4000〜1万1500年前とも。また、この時期の最後の10年間で気温が8.3℃上昇したとも言われる。この気温上昇期の後が完新世（現世）である。8200年前には短期の気温寒冷期があり、それ以降6000年前までは温暖で、世界的に海面が上昇している。8000年前からの温暖期は北西ヨーロッパではアトランティック期と呼び、日本列島では縄文海進と呼ばれている（ストリンガー&ギャンブル、1997とベーリンガー、2014の図を合成して作成）。

中石器時代から新石器時代へ

先に述べたヨーロッパのマドレーヌ文化もこの気候激変期の文化の一つである。その文化が洗練された骨角器や洞窟絵画などによって知られているのは、氷期のヨーロッパ中部のツンドラでは大型獣が豊かだったためかもしれない。大型動物相の豊かさでは、ツンドラは東アフリカのサバンナにひけをとらなかった、とも言われるからである（ベーリンガー、2014：50頁）。だが、この文化も氷河時代とともに終わりを告げる。興味深いことに後氷期の温暖化にともなう森林の発達は、この地域のホモ・サピエンスの文化的活動にとっては障害となったようである。

森林の発達は人類の生活にとって好ましいものではなく、有力なマドレーヌ文化の諸部族は小集団に分断されてしまった。利器の質は目にみえて低下し、……（種類も）減少してしまった。（ボルド、1971：183頁）

後期マドレーヌ文化を引き継ぐ中石器時代のフランス南部（アリエージュのマス・ダジール遺跡など）のアジール文化は、フランス人考古学者フランソワ・ボルドが語る文化的衰退の例である。この文化は最初期の農耕や牧畜の始まりと関連しているが、彼らが利用した洞窟には壁画もなく、芸術品もない。

その石器は、中石器〔＊5〕と呼ばれる三角形や台形の幾何学的な形の小型石器で、これを木や骨の柄に埋め込んで使った(図19)。多くは矢に使われたが、二つ三つの細石器を組み合わせたものはノコギリや鎌として使われ、草を刈り、野生の穀物の穂を採集することなどに利用された。この石器は先行する旧石器に比べると幾何学的な形状がことさらに無味乾燥に見え、この時代のホモ・サピエンスの心境の変化を現しているようだ。

また1万年前の北ヨーロッパには、南ヨーロッパのアジール文化と同じ中石器文化のマグレモ

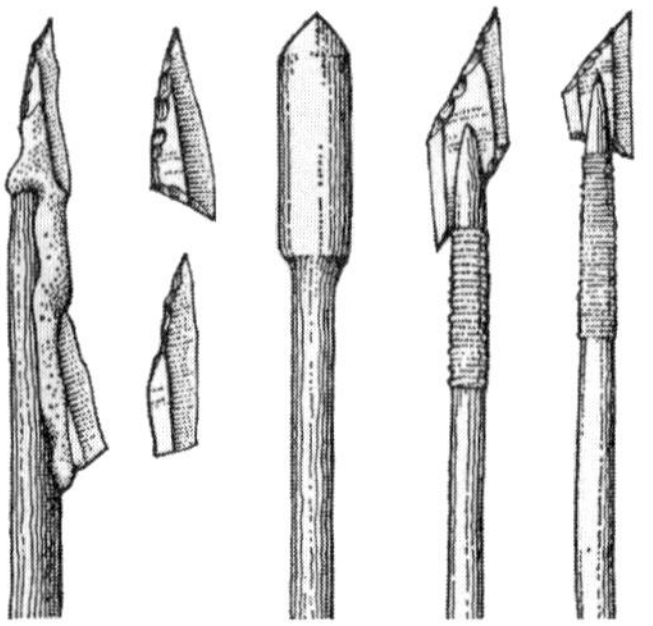

図19　中石器文化で矢として使われた細石器
幾何学的な形の小型石器で、フリント製である(クラーク&ピゴット、1970：図41より)。

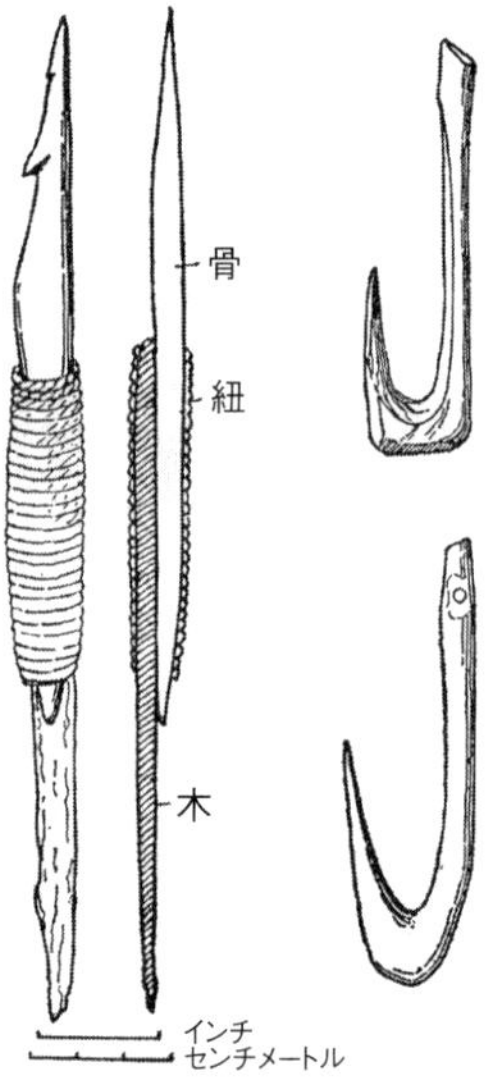

図20　マグレモーセ文化の骨製槍先(左)と骨製釣り針
骨製槍先は木の柄に紐で固定されている。下の釣り針には、釣り糸をつけるメドが開けてある。どちらも漁獲用の洗練された道具である(クラーク&ピゴット、1970：図44より)。

ーセ文化があった。マグレモーセ文化では、オランダのベッセで発掘された８４００年前の丸木舟が有名である。彼らは湖と川の周辺で生活し、弓矢を使ってシカやイノシシなど陸上の哺乳類を狩猟したが、釣り針や槍などでカマスなどをとる漁撈も重要な生計手段としていた（図20）。

だがこれらのヨーロッパの中石器文化は、７０００年前までには農耕と牧畜を伴う新石器文化に圧倒されることになる。

ユーラシア全域に広がる新石器革命

最終氷期は１万年前に終わり、８０００年前からは完新世温暖期（アトランティック期あるいはネオサーマル期）が３０００年間続く。気温は現在より２〜３℃高く、融《と》けた氷河のために海面が上昇した。それによってアナトリアとヨーロッパをつないでいたボスポラス陸橋は崩壊し、黒海に海水がなだれこみ、沿岸のホモ・サピエンスの居住地を一掃した。

　この海面上昇は全世界的なもので、黒海沿岸の数百㎢のホモ・サピエンスの居住域など物の数にも入らないほどの広大なスンダランド、サフル大陸の陸橋部、ベーリンジア亜大陸と東シナ海陸化域が海の底になった。古本州島もまた沿岸部の居住地域は海の底になり、ユーラシア大陸から完全に切り離され、日本列島が誕生した。

ヨーロッパでは氷期が終わると森林が拡大し、狩猟対象の獣はかつてのトナカイやウマからアカシカやイノシシのような森林に棲息する種に替わった。そこへ、東方から中東メソポタミアに起源をもつ農耕民が進出してきた。

ナトゥーフ文化など中近東の定住生活民は、ヤンガードリアス期に激変する気候の中で、せっぱつまって野生穀物の実験的な栽培実験と野生動物の家畜化を試行していた。そこに気候が温暖化したことで、穀物栽培の技術とノウハウの積み重ねが開花し、犬の導入によって、ヒツジとヤギの分布重複地のメソポタミアでこれらの家畜化が一気に進むことになった。穀物耕作と家畜の飼育とを主たる生計とする新石器文化、農耕文明の始まりである。

メソポタミアの肥沃三日月地帯では、1万5000年前までにコムギ、エンドウ、オリーブの栽培とヒツジ、ヤギ、ウシ、ブタの飼育が始まり、中国では9500年前までにイネ、雑穀（アワ、コーリャン）の栽培とブタ、カイコの飼育が始まり、インダス河流域ではゴマ、ナスの栽培とコブウシが9000年前に確認されている（ダイアモンド、2000：141-143頁など）。新石器革命は、わずか1500年程度で一気にユーラシア大陸全土に広まった。

メソポタミアのシュメール人によるウバイド文化（6000〜5450年前あるいは7500〜5800年前）では、チグリス・ユーフラテス河口の三角州での灌漑を行って湿地と乾燥地を開発したが、同時に宗教的儀式と神殿を創造して、シュメル文化の神殿の先駆けとなった。ここで注目したいのは、シュメールの中心地の一つであるエリドゥ遺跡（イラク）で、18㎝も積もった魚骨の中に祭壇があった。エリドゥは、文字を扱うようになったのちの歴史時代の記録文書から、水と魚の神エンキを崇拝していたことで知られている。

エンキが浮き上ると
魚たちも群上り
エンキをほめたたえた。
エンキはおどろくべきことに
水中に佇立《ちょりつ》していた。（クラーク＆ピゴット、1970：221-222頁）

メソポタミア文明は農耕と牧畜で知られているが、こうしたエンキ崇拝はメソポタミア文明が湿地の開発から出発したこと、そして河口の豊かな漁獲に支えられたものだったことを如実に示している。

農耕文明の中に見える漁撈の痕跡

ヨーロッパでは、8000年前から5000年前に狩猟採集民が栽培まで行う中石器文化を経て、新石器文化に移行した。これは中近東を起源地とする穀物栽培農業をもったアナトリアの農耕民集団がギリシアを経由して、ヨーロッパに入ったためだった。

6000年前(7500年前とも)にはヨーロッパの中央部に、特徴的な線状模様の土器で知られる新石器農耕文化のドナウ文化が生まれている。ここでは森林を切り開いたレス土壌にオオムギ、ヒトツブコムギ、エンマコムギ、パンコムギ、ササゲ、エンドウ、レンズマメ、アマが栽培され、牛と豚が飼育された。一つの集落には500人から700人がいたと推定されている(クラーク&ピゴット、1970:296頁)。マドレーヌ文化期の全フランスに6000〜9000人がいたという推定と比べれば、新石器革命とは人口増加だったことがよくわかる。

スイスの湖上住居(ドナウ文化)は、湖中に柱などを打ち、それを基礎に建築したもので、5000年前のものとされる。そこでは湖の魚ももちろん重要だったが、主な食糧はヒトツブコムギやエンマコムギ、エンドウ、ササゲ、レンズマメであり、野生のスモモやリンゴも保存して利用されていた。また動物の遺物は70%が家畜であり、牛、豚、羊と山羊、そして犬だった。

こうした農耕文化はやがてヨーロッパ全域に拡大し、5000年前には巨大なストーンヘンジをイギリスに建設するまでになった。しかし、狩猟・漁撈と農耕の混合生計も多くの地域で残り、ノルウェーでは漁撈季は農業を休んで洞窟や岩陰に住んでタラなどを獲り、スウェーデンの一部地域では集約的なアザラシ猟も行われた。漁撈技術も改良され、中石器時代に発達した骨製の釣り針に逆刺のついたものが、5000年前のバルト海の遺跡から見つかっている（同書：331頁）。

バルト海沿岸地域では、南方から伝来した家畜や穀物を受け入れながらも狩猟採集の生活様式を維持し続けたグループが残ったが、5000年前までにはこれらの地域でも人々の大部分がアナトリア農耕民の系統に置き換わった（ライク、2018：166頁）。もっとも、中東人がヨーロッパに流入したのは、これが2回目であり、現在の中東人とほとんど同じ遺伝子はすでに1万4000年前の亜間氷期に南ヨーロッパに入っていた（同書：149頁）。これらの人々は、それまで南ヨーロッパのマドレーヌ文化を担っていた狩猟漁撈採集民の人々とは異なるDNAを持っていたという。

ヨーロッパの激動

じつはこの時期のヨーロッパの激動は、オーリニャック文化に始まる後期旧石器時代の狩猟採集民に、中東を起源とする新石器文化の農耕民が混淆《こんこう》したというだけにとどまらなかった。同じ

5000年前（紀元前3000年）に黒海北岸、現在のロシアのステップ地帯からヤムナヤ（あるいはヤムナ）牧畜民がヨーロッパに侵入したためである（同書：168頁）。

この牧畜民は、7000年前に南方からステップに入ってきた集団によって形成され、紀元前3000年紀にはウクライナに現れ、紀元前2000年紀初頭には北ヨーロッパに広がった。ヤムナヤ牧畜民は、羊や山羊、牛の遊牧を生活の基盤とし、墓所にはクルガン（土の墳丘あるいは積石塚）を築いたが、野営跡や石積みの砦以外の住居は確認されていない。

この文化の最大の特徴は、遊牧に車輪をつけた荷車を使ったことで、この技術はトゥルクメンでは紀元前2750年のナマースガ遺跡の土製二輪車の模型が知られている。ヤムナヤ牧畜民文化のもう一つの大きな特徴は人類史上初めてウマを使ったことで、これによって牧畜の効率が上がり、移動も軽快になった。

しかし、彼らが侵入したヨーロッパにはすでに農耕によって定着している人々（現在の中東系と同じ人々と、それより前からいた狩猟採集民で農耕民になった人々）がいた（同書：175頁）。彼らはすでにいた定住者の遺伝的要素を変えるほどのインパクトをどのようにして与えたのだろうか。

第一の可能性は、免疫学上の優位性である。実際、古代ステップ住民の歯からはペスト菌のDNAが確認されているが、彼らは長く家畜と暮らしていたため、ペストに抵抗力を持っていた可能性があるという説がある（同書：176頁）。また、ヤムナヤ牧畜民はインド＝ヨーロッパ語族だったが、そこに生物学的強みがあったとして、第二の可能性を主張する研究者たちもいる。

私たちは、インド＝ヨーロッパ語族の言葉を話す人々の拡散を推進した強みは生物学的なものだったと考えている。つまり、ヨーロッパ人に高頻度に見られる乳糖耐性変異（１３９１０–T対立遺伝子）だ。乳糖耐性は、文化的な革新、すなわちウシの家畜化が原因で生じた（コクラン＆ハーペンディング、２０１０：２２３頁）。

哺乳類は離乳すると乳の成分である乳糖（ラクトース）を消化する酵素ラクターゼの活性が下がる。乳児期が終わると食物が乳から他の物に替わるのだから乳糖に不耐症を示すのは当然の機構だが、このためにホモ・サピエンスの大人が牛乳を飲むと、消化不良や下痢を起こしてしまう。

しかし、インド＝ヨーロッパ語族のヤムナヤ牧畜民はこの乳糖耐性変異をもっていたため、大人になっても牛乳を飲んで栄養にすることができた。単位面積当たりの生産カロリーを比較すると、牛を肉として消費する場合より5倍のカロリーを生産できた（同書：２２４頁）。つまりこの生産力を実現した生理的能力と、ウマと荷車を使った機動性のある武力によって、ヤムナヤ牧畜民はすでに定住していた農耕民を圧倒できたのだというのである。

いずれにしても、現代に続くヨーロッパ人の遺伝的要素を形づくる三つの系統はこうして集結した。すなわち最終氷期終盤の4万年前にネアンデルタールと置き換わった狩猟・漁撈民を第一の遺伝的要素とするなら、1万4000年前に中東から流入し、再び8000年前に流入した農耕民が第二の遺伝的要素、5000年前に黒海北方のステップから流入したヤムナヤ牧畜民が第三の遺伝的要素である。

ホモ・サピエンス第2波の人々は、東南アジアへと拡散して漁撈を中心的な生計手段とした第1波の人々と異なり、農耕と牧畜を主たる生計手段とするようになった。

＊1　CEHE：The Cambridge Encyclopedia of Human Evolution, Cambridge University Press

＊2　黄土(レス)のこと。砂漠や氷河によってできた岩粉が堆積した黄色の土で、中国華北地方、東ヨーロッパから中央部、北米中央部に分布している。

＊3　ハネガヤは日本にも分布するイネ科多年生草本である。中近東のものは、その別種か。ツルボランは単子葉類キジカクシ目ススキノキ科ツルボラン亜科の植物で、ラン科ではなくユリ科のような花をつける。

＊4　小麦類が乾燥期の飢饉の時に食物として利用されるようになったことは、注目されてよい。野生のイネがアジアでは薬用程度にしか利用されなかったと想定されるように、これらのイネ科植物の種子は、野生ではことさら小さく、ホモ・サピエンスの大きさの哺乳類が食物とするためには、大きな問題があったことがわかる。イネ科は700属8000種を擁する巨大分類群で、原始的なものの他を2つの姉妹群に分類している。一つはBEPクレード(イネ、ムギ、タケなど)、もう一つはPACAD系統群

(トウモロコシ、キビ、ヒエ、ススキなど)である。ユーラシア大陸の東西で、このイネ科植物の小さな種子を利用するようになったのは、ヤンガードリアス期の食糧窮乏期での必死の生き残りのためだったのかもしれない。

＊5 中石器は旧石器時代と新石器時代の中間に位置する。小型複合燧石《すいせき》(細石器と細刻器)が特徴である。レヴァント地方の中石器時代は2万2000〜1万4150年前ともされる。

第7章 日本列島の漁撈採集民

シベリアから屋久島にいたる大半島

話を第1波のホモ・サピエンスたちに戻そう。ユーラシア大陸東南部スンダランドの北に広がる東シナ海は、氷期には朝鮮半島まで続く陸地だった。東シナ海沿岸のアジア温帯大陸には暖流が北上して海岸線を洗い、日本列島の南岸域と西岸域に温暖な気候をもたらした。

若狭《わかさ》湾三方《みかた》湖の花粉分析は、4万年前から寒さが強まっていく日本列島の気候変動をよく示している。5万年前にはスギが見られた日本海沿岸で、4万年前にはより寒冷な気候帯を示すツガが優勢になった。3万年前に大陸でツンドラが広がると日本列島でも寒冷で乾燥した大陸型気候となり、日本海が淡水化した。これは、海水面の低下によって日本海が太平洋、東シナ海から孤立したただけではなく、日本海を囲む大陸と日本列島沿岸部が氷結したためだと考えられる。

シベリアで最も古いホモ・サピエンスの遺跡年代は3万年前だが、同じ頃、樺太から日本列島へ南下するルートを発見したグループがいた。最寒冷期にはシベリア・樺太・北海道は一続きの半島であり、その海岸を南に下ると津軽《つがる》海峡にいたる。彼らは、この3万年前の津軽海峡で、ごく狭い水道が凍っているのを見たはずである〔＊1〕。

幅1㎞ほどの狭くなった津軽海峡の向こうには大きな島があった。それは現在の本州、四国、九州が一つになった古本州島で、津軽海峡の狭い水域を無視すれば、シベリアから九州・屋久島までは南北3000㎞の大半島だったのである。

彼らはいくつもの波となって南下し、九州まで生息地を広げたことが、石器の研究によって明らかになっている（竹岡、2011）。後期旧石器時代に日本列島に最初に入ってきたのは、竹岡《たけおか》俊樹《としき》の命名に従えば「グループC」で、その年代は3万年前よりも以前と推定されている。彼らは日本列島に先住していた、大型石器を特徴とする「グループA」と「グループB」（これらはホモ・ハイデルベルゲンシスか）と共存したとされる（図21）。

これらのグループは、石刃（長さが幅の2倍以上で両側辺に刃をもつ剝片《はくへん》）をつくっても、新石刃技法と呼ばれるホモ・サピエンス特有の技法ではつくっていない。新石刃技法とは、石器をつくる時に、石をハンマーにして石器用の石の剝片を叩き出すのではなく、骨や角などをソフトハンマーとして使ったり、角などをたがねにして間接打撃を利用したり、角などで押しつけて石片を剥離する技法をいう。

３万年前に北方から日本列島に入ってきた「茂《も》呂《ろ》系文化」人は、この新石刃技法をもったホモ・サピエンスであり、二側縁加工のナイフ形石器（茂呂系ナイフ）を特徴とする石器文化をもっていた。彼らは関東地方を中心に九州まで広がって、２万９０００～２万６０００年前の始良カ

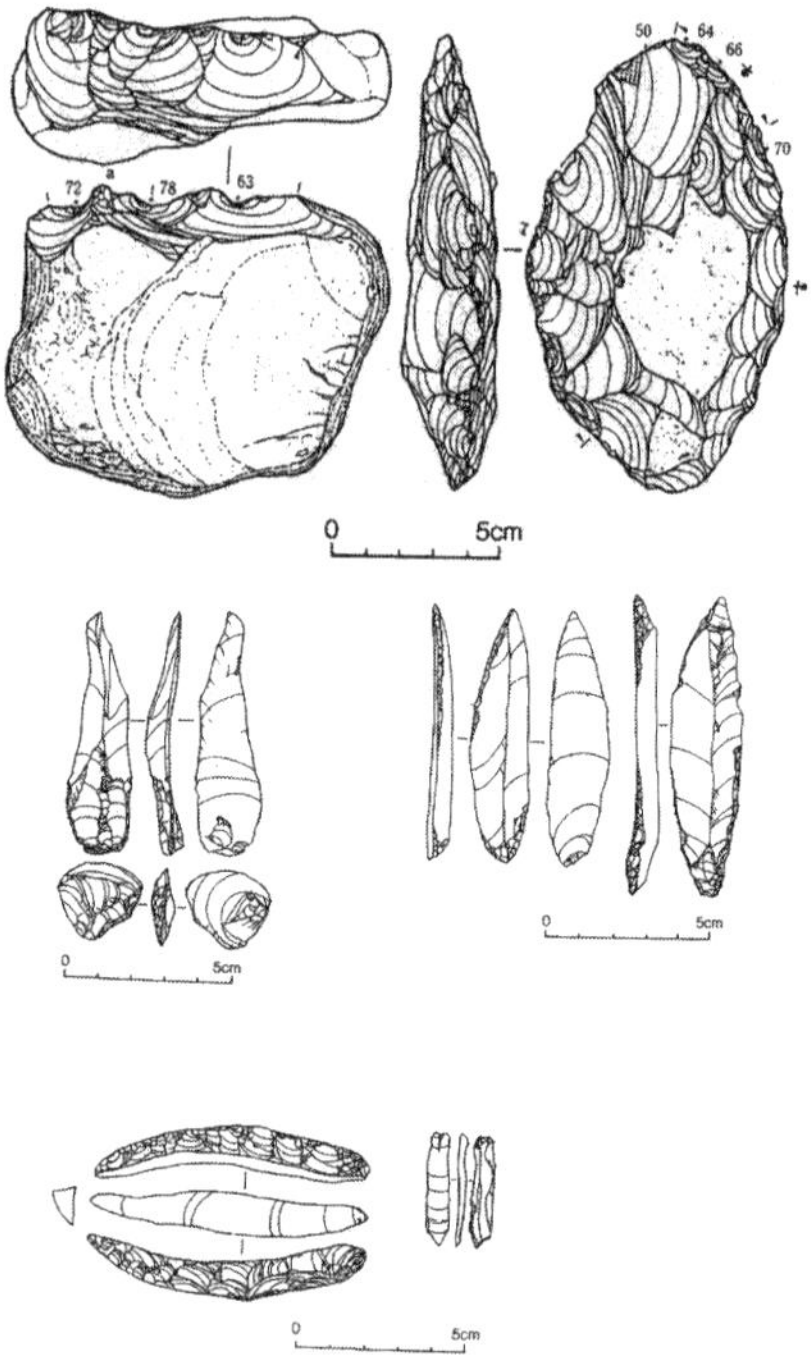

図21　日本の旧石器の変遷
上段はグループＡ（前期旧石器）のチョッパー（左）とハンドアックス（右）。中段はグループＣ（後期旧石器）の基部加工石刃（左）と杉久保系文化新石刃技法のナイフ形石器（右）。下段は荒屋系文化（後期旧石器）の細石刃（原図は竹岡、2011より。配置は島、2016：図9-4より）。

ルデラ大噴火後も生き残り、1万5000年前まで関東地方に住んでいた。

また同じ頃、「杉久保《すぎくぼ》系文化」（先端・基部加工石刃が特徴）と「東山《ひがしやま》系文化」（打面を残す基部加工石刃が特徴）も日本列島に入ってきた。さらに最終氷期最寒冷期の1万3000年前には、まったく新しい石器技術と新文化を携えて「荒屋《あらや》系文化」人が北方から日本列島に入ってきた。

この文化は細石刃技法と彫器（骨や木を加工するための小型の石器）と、ときに土器を含む新時代の文化だった。この文化の拡大によって、北海道から九州にいたるまでの日本列島全域に残っていた、それまでの旧石器文化は消滅した（竹岡、2011：125－162頁）。

北方漁撈民の特性とは

最終氷期の3万年前の古本州島と樺太・北海道半島の我らの祖先の姿をイメージするには、ベーリング海の現代の漁撈民が最も参考になるかもしれない。日本列島を越えて北米大陸に出ようとするあたりに、最北の豊かの海、ベーリング海がある。ここに浮かぶアリューシャン列島には、少なくとも9000年前にイヌイット族から分かれたアリュート族が今なお生活している。この民族は、日本人の祖先とも近縁だったと考えられている。

アメリカの人類学者ウィリアム・ラフリンは、アリュート族の特質を次の三つにまとめている

（ラフリン、１９８６：４１５頁）。

１、時に１００歳を超えるほどの長命〔＊2〕
２、安定した、生産性の高い海洋資源に裏づけられた豊かな物質文化
３、発達した精神生活の長期にわたる文化継承

アリュート族の生活拠点のサマルガ水道は、ウムナク島とフォー・マウンテン諸島の間にある深い水道である。この海峡は安定した湧昇流によって、世界的に見ても海洋生物が豊富である。湧昇流によって海面に届けられた深海の栄養素が、この水道海域の微生物から海草や魚類、鳥類、そしてクジラまですべての生き物を養うためだ。

沿岸と深海が近い海域では、どこでもこの湧昇流が豊かな生態系を生み出している。たとえば、アメリカ・カリフォルニアのモントレーは水族館で有名だが、かつて北米のイワシ漁の中心地であり、モントレー水族館もイワシの缶詰工場をリニューアルしたものである。このモントレーの海の豊かさを支えたのも、沿岸近くまで延びた深海だった。日本列島の周辺の海域が豊かなのも、水深１０００m級の深海が沿岸近くにある場所が根室《ねむろ》海峡や駿河《するが》湾や富山湾、そして豊後水道などいくつもあるからである。

アリュート族はこの豊かな海域の沖合で、カヤックを使ったアザラシ猟などを行うのだが、この猟はホモ・サピエンスが行う数々の狩猟法の中で、最も技量と体力とを必要とする。そればかりではない。海ではただ生き残るだけでも、鋭敏さと的確な判断の他に、経験、用意、装備が必須の条件である。

そのため、彼らは子どもを小さいうちから鍛える。そして少年は16歳になると自分のカヤックをもって狩猟に出ることが許される。その歳までに極寒の海での生存に必要な知識がすべて伝えられているからである。そこには、当然熟練した航海術や動物の行動パターンに関する正確な知識も含まれており、ラフリンは次のように記している。

> どの少年も、自分の周辺に棲息する鳥類、哺乳類や魚類、または無脊椎動物(とくにタコ)の全種類について詳細な知識をもっていた。また、成年男性の動物行動に関する知識の量は驚嘆に価するものである。(同書：63頁)

タコのように効率のよい食物源はそうそうあるものではない。この軟体動物は、良質のタンパク質の塊であり、生でも煮ても、全身あますところなく食べられる。タコには他の多くの貝類や魚類と同じほどのカロリー(76kcal、ハマグリは60kcal、ヒラメは92kcal)と栄養があるだけでなく、海岸近くで捕獲できるので、彼らにとって非常に重要なタンパク源なのである。
またアリュート族の詳細な観察眼は、動物だけではなかった。

詳細な観察は動物に対してのみならず、人間に対しても行なわれた。観察によって、大人に話し掛けていい時と、そっとしておく方がいい時を、子供が知った。表情、こめかみの動脈の搏動、唇の結び方を見逃さなかった。また、アリュート人が来客のしぐさや癖を真似る特技は、動物行動の知識とは無縁のものではなかった。(同書：63頁)

この感覚は漁船に乗った者には、「ああ、あれか！」とわかる。これを間違えると、漁は失敗するし、下手をすれば命にまでかかわる事故につながる。だから漁船上ではいつも、陸の猟師がイノシシ猟に犬を放し、銃を構えて動き出す瞬間のような緊迫に満ちている。海はたしかに様々な恵みをもたらしてくれるが、一方で船上は戦場であり、船長の号令一下、瞬時に適切な行動がとれなくてはならない。

全体的な印象としては、アリュート人は気品があり、はなやかな風采をしていた。……きれいなはだをして、すらりとした体軀のうえに丸い顔、いざというときに体力をたく

わえながらも、敏捷な動きをしている子供も印象的であった。（同書：109頁）

この子どもたちの描写は、私の感覚ではアリュート族からバンクーバー海峡のクワクワキワク族〔＊3〕まで、北方の漁撈民に共通のものである。おそらく最終氷期の古本州島と樺太・北海道半島のわれらの祖先も、同じような風貌、印象だったのではないだろうか。

縄文の遺跡・貝塚から見えてくること

1万年前から後氷期の温暖な気候になると、日本列島は大陸から切り離され、孤立した巨大群島に変貌した。さらに8000年前から始まる完新世温暖期の縄文海進（完新世海進）によって、気温は現在より1～2℃高くなり、海水面は現在より約5m上昇した（氷期の最大期からは120m以上の上昇）。

東京湾周辺では、この海面上昇によって海岸線が現在の埼玉県熊谷《くまがや》市あたりまで入りこみ、房総半島がほとんど島化するほどだった。13haの広さをもつ巨大な加曽利《かそり》貝塚（5000～3000年前）が千葉市の東京湾海岸線から4㎞以上も内陸にあることは、その一つの証拠である。

縄文時代の貝塚は、原初のままの日本列島の海辺がどれほど豊かだったかをよく示している。

貝塚の発掘記録は、モースによる大森《おおもり》貝塚の発掘以来膨大な資料があるが、同志社大学の教授だった酒詰仲男《さかづめなかお》は、東北から九州までの836に及ぶ遺跡の記録から、食糧となる遺物を抜き出して次のようにまとめている（表4）。

表4　縄文遺跡から出土した主な動植物種

分類群	種数	出土生物の種名（カッコ内は出土貝塚数）
貝類	353	ハマグリ (659)、カキ (562)、アカニシ (471)、アサリ (423) サルボウ (419)、オキシジミ (410)、シオフキ (390)、ハイガイ (381)、ツメタガイ (308)、オオノガイ (300) (註1)
魚類	71	マダイ (141)、スズキ (98)、クロダイ (71)、ボラ (62)、エイ類 (61)、マフグ (43)、マグロ (42)、サメ (40)、コチ (36)、アカエイ類 (15)、ヒラメ (14)、カツオ (13)、コイ (13) (註2)
哺乳類	70	シカ (384)、イノシシ (318)、イヌ (126)、タヌキ (100)、クジラ類 (73)、アナグマ (53)、イルカ (47)、サル (47)、ウサギ (35)、ウマ (28) (註3)
鳥類	35	マガモ (18)、キジ (9)、ツル類 (9)、サギ類 (8)
両生類	1	ヒキガエル (2)
爬虫類	8	アオウミガメ (11)、アカウミガメ (2)、イシガメ (3)、クサガメ (1)、オサガメ (1)、スッポン (1) (註4)
節足動物	8	フジツボ類 (25) エビ類 (3)、ガザミ (2)、カニ類 (12)
棘皮動物	3	バフンウニ (1)、ムラサキウニ (1)、ウニ類 (7)
植物	27	オニグルミ (19)、クリ (9)、シイ (5)、トチ (5)、ウリ (3)、ヒシ (1)、イチョウ (1) ヤマゴボウ (1)、アラカシ (1)、イヌガヤ (1)

（酒詰、1961より）

註1：貝類の種数は、関東だけでも249種と実に多い。

註2：カタクチイワシ、マイワシは、ともに4遺跡から確認されている。関東では魚類種は合計63種だった。ニシンが2ケ所、サケが1ケ所と少ないのは、縄文海進期の温暖化の影響か。日本のコイはほとんどが外来種だが、現在でも琵琶湖の沖合、20m以上の深さでは日本固有種が棲息していることが知られている（馬渕、2017）。

註3：このうちウマは何かの間違いだと思われる。サルのほかにコウビザルとかヒグマ、ヤギュウも記録されているが、これもあやしい。

註4：ウミガメ類として種名がわからないものが23遺跡から出土している。アカウミガメは肉を食用にするとしているが、アオウミガメとの混同と思われる。アオウミガメは植物食で高級食材とされるが、アカウミガメは食用としては敬遠される。縄文時代にアオウミガメの出土が多いのは、そのためかもしれない。

836遺跡から出土した貝類353種、節足動物8種、棘皮動物3種、魚類71種、両生類1種、爬虫類8種、鳥類35種、哺乳類70種、植物27種についての総記である。（酒詰、1961：242頁）

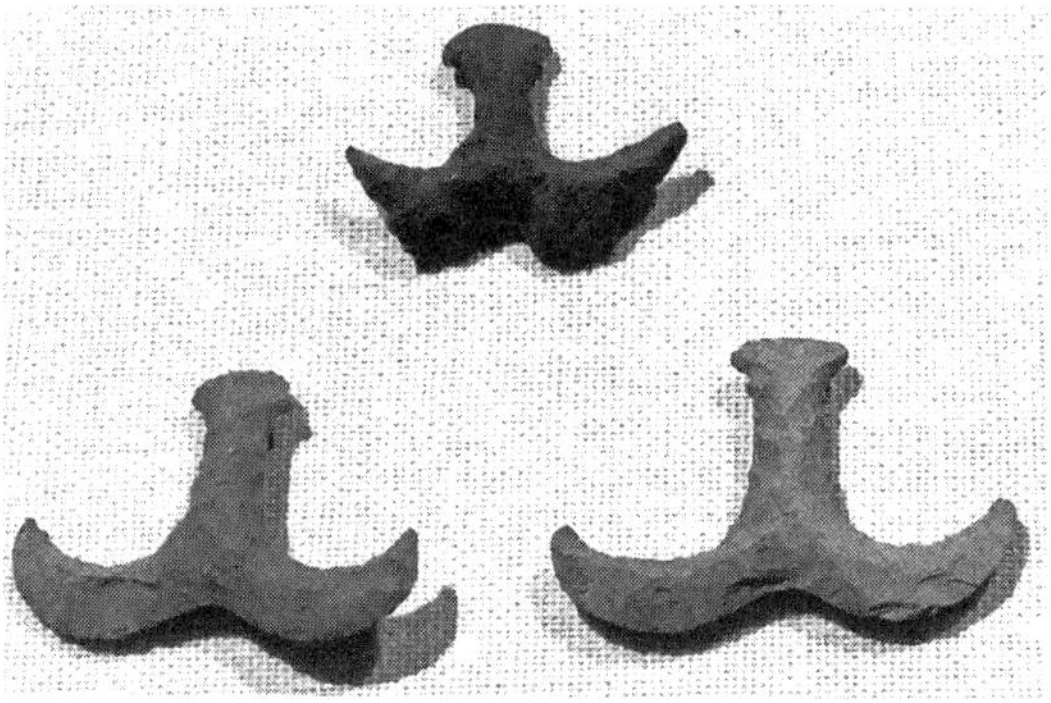

写真6　三内丸山遺跡から出土した5500～4000年前の異形石器
この形から推定される利用方法はただ一つであり、釣り針である。これはそんなに小さなものではないから、これに対応する大型の魚が釣れたのだろう。

この種数の多さは当時の海山の恵みの豊かさを示している。中でも貝類と魚類、そしてシカ、イノシシは、この時代にはことさら重要な食物だった。イカやタコなど軟体動物の痕跡は残らないが、コウイカの背甲片は出土している。これらの軟体動物も重要な食物だったはずである。

また青森県三内丸山《さんないまるやま》遺跡からは、体長1mと推定される大きなマダイの骨が出土している（廣野、1998：97頁）。1mのマダイと、使用目的がわからないとされる数cmの異形石器は、縄文時代の海の幸の大きさを示しており、漁撈が縄文時代のメジャーフードを考える際の手がかりを与えてくれる（写真6）。

一方、こうした遺跡の証拠に対して、縄文時代には漁撈は「最重要な位置を占めることはなかった」とする説がある。東日本のクルミ、クリ、トチの食用種実3点セット、西日本のドングリ食を根拠に、植物性の食糧を重視する立場である（渡辺、1975）。しかし遺跡残滓《ざんし》の比率や、そこの比率から推定した摂取カロリーは、クルミなどが40％を占めるものの、貝類が10％以下、魚と獣が50％以上を占めている。

縄文遺跡が示すのは、日本列島の海山の豊かさであるが、ことに魚貝類はその種数が多く、また日本のどこの遺跡でも見られることから、漁撈がこの時代の人々の生計にとって大きな役割を担っていたことは明らかである。

人口密度が示す海の豊かさ

縄文時代の海辺の環境の豊かさは、当時の人口密度にもよく表れている。縄文時代の人口密度は中部、東海、関東地方で非常に高く、100㎢あたり常時（縄文時代の全時代を通して）100人を超している。これに次ぐのが、縄文時代の中期と後期の東北、北陸である。また別の推定では、縄文中期の南関東における人口密度は1㎢あたり5人、つまり100㎢あたり500人を超えたとも言われる（鬼頭、2000：28頁）。

この縄文中期の南関東の人口密度は、旧石器時代の社会としてはまったく例外的である。先に見たように、マドレーヌ文化期にフランスで人口増加が起こったと言っても、フランス全土で最大9000人だったのであり、これを100㎢あたりに換算すると1・6人（フランス国土55万2000㎢として）にしかならない。

フランスの旧石器時代の人口増加期はもちろん、世界的に比較してもこの時代の日本はことさら人口密度が高かったのである。それは沿岸と河川の魚類、貝類、藻類の多さとシカ、イノシシ猟による食糧調達の効率性によるものであり（むろんシイ・カシ類のドングリやクリ、野生のイモ類の貢献もあったが）、日本列島住民の食糧事情が世界に類例がないほどよかったことを示している。

食糧事情の豊かさは、すでに述べたように東京湾の奥、現在の千葉市にある世界最大級の貝塚、加曾利貝塚に具体的に示されているが、この貝塚の実際の断面を見ると、そこに埋蔵された巻き貝のあまりの小ささにも驚かざるを得ない。このような小型巻き貝まで使ったのは、そしてこれほどの大量の貝を利用したのは、それが単なる個人的な消費にとどまらず、交易品でもあったということを示している。

貝類は陸の食物では不足しがちな塩分とミネラルの供給源であり、その微量元素は薬としても重宝された。そのため交易品として採集され、貯蔵されたのである。現在では使われないほど小さな貝の効用を当時の漁撈採集民はよく知っていたし、それと交易する内陸の狩猟採集民も気づいていた。こうした交易品の存在は、彼らの社会が漁撈を生活の中心として高度に発達していたことを示している。

古代日本の魚食と漁撈民

稲作文化が日本列島の西南地域の平野部に広がったあとの古代社会でも、漁撈は主要な生計手段だった。3世紀末の『魏志倭人伝』には、末盧国《まつらこく》（肥前《ひぜん》松浦《まつら》郡）の情景が描かれている。

> 草木茂盛し、行くに前人を見ず。好んで魚鰒《ぎょふく》を捕え、水深浅となく、皆沈没してこれを取る（石原編訳、2004：40頁）

> 禾稲《かとう》・紵麻《ちょま》を種《う》え、蚕桑緝績《さんそうしゅうせき》し、細紵《さいちょ》、縑緜《けんめん》を出だす。その地には牛・馬・虎・豹・羊・鵲《じゃく》なし〔＊4〕（同書：46頁）。

水稲耕作と漁撈との密接な関係が、文書に記録されて残されている。このように、北九州沿岸の日本人は稲作をしながら、様々な農作物をつくり、入れ墨をして海に潜り、魚や貝を捕っていた。特に重宝されたのはアワビであり、干物が広く流通していた。それは塩という重要な栄養素を多く含んでいたからであった。

干し貝類の塩分含量は意外に多い。干もの一〇〇グラム中の食塩相当量は、スルメの二・八グラムに対してアワビには七・六グラムもある。……タンパク源としてだけでなく、塩分をアワビから摂取していた、はるか縄文時代のなごりではなかったかとさえ考えられる。（廣野、1998：121頁）

この廣野の指摘は卓見で、加曾利貝塚であれほど小さい貝まで利用した理由が、塩のない内陸住民との交易品だったからだと改めて確信させてくれる。また、魚種としてはカツオが古くから利用されてきた。それを干して保存することも古くから行われており、『古事記』では雄略《ゆうりやく》天皇の時代の出来事として伝えられている。

ここに山の上に登りまして、国内を見放《さ》けたまひしかば、堅魚《かつお》を上げて舎屋《や》を作れる家あり。天皇その家を問はしめたまひしく（武田訳註、1956：170頁）

この天皇はずいぶん乱暴な人で、カツオをたくさん屋根の上で干しているのが気に入らない（あるいは、家が立派なので気に入らない）と、この大縣主《おおあがたぬし》の家を焼きはらったらしい。

『万葉集』も日本古代の海の食物の風景を蘇らせてくれる。「春の日のかすめる時に」と歌い始められる竜宮の歌にはカツオが出てくる。浦嶋の子がとっていたカツオの種類は、丹後《たんご》半島ならソウダガツオ、大阪湾の住之江《すみのえ》ならマガツオという風に、その浦の地域がどこかによって推定できる（廣野、1998：95頁）。

「鮪《しび》突くと」と大伴家持《おおとものやかもち》に歌われたマグロは、どうやらキワダマグロらしい。このマグロが初夏の産卵期に沿岸近く現れるものを、漁火《いさりび》を焚《た》いて集め、魚釵《やす》で突いてとった様子を歌ったのである。この時期のキワダマグロは、現代でも体長が2mにもなる。そのため、あとで紹介するが、この時代に使われていた魚釵もまた戦国時代の槍のように立派である。

『万葉集』に歌われた魚にはきりがないが、ある欠落があることに気がつく。現代日本人の食卓でおなじみのサケ（佐介）、サバ、イカが登場しないのだ。このうちサケについては、古代社会の公文書である木簡にはアジやイワシとともに出てきており、越中・越後・信濃から貢納されていて、信濃川などにはその大群が遡上していたことがわかる。もしかすると、これらは当時の北方の国境のことであるため、歌人が経験する範囲を超えていたのかもしれない。では、サバやイカはどうか。

おそらくサバやイカが歌われなかったのは、それらがあまりにも大衆的だったからではないか。平安時代の法令集『延喜式』には若狭、丹後、隠岐、出雲《いずも》からの献上品として「烏賊《いか》」が掲載されているので、古代人が食べなかったわけではない。あまりにも普通すぎて、歌人がことさら注意を払うほどのものではなかったのだろう。

こうした縄文時代と古代の人々の漁撈生活の中で、とりわけ我々の関心を引くのは、沿岸でマグロを突けるほどの想像を絶する海の豊かさである。現代でも四国の愛媛県愛南町では1960年代まで御荘湾にマグロの群れが入ってくると、湾の入り口を網でふさいで一網打尽にしていたというウソのような事実がある。

21世紀の初頭では、同じ湾に入るのはソウダガツオの群れくらいだが、それでも漁船が網ですくった残りを一般の釣り人が竿で好きなだけ釣れるし、ソウダガツオの餌になるカタクチイワシは船縁《ふなべり》に寄ってきたのを柄杓《ひしゃく》どころか手ですくいとることができる。古代の日本の海は、こうした光景が日常だった。

中世社会の激動と魚食

平安時代(奈良時代からとも)には、京都まで若狭湾から塩で保存した生魚をひたすら人力で運ぶ鯖《さば》街道があって、運ばれたサバが下級官吏の給与にもなっていた（同書：104頁）。同じようにイワシもまた塩漬けで運ばれたのだろう。どちらも傷みやすい青魚である。

平安時代の紫式部がイワシを好んだという逸話は名高い。夫の藤原宣孝《ふじわらののぶたか》が「上流階級ともあろうものが、そんな下々の魚を煙を立てて焼いて喰うのはいかがなものか」とたしなめるのに応えて、次の歌を贈ったと言われている。

日の本に　はやらせたもふ　いはしみづ　まゐらぬ人はあらじとぞおもふ

石清水八幡宮という有名な神社には、人々はこぞって参る。そのように、イワシのうまさにも「まいっちゃうでしょ」というわけである。これには、じつは泉式部の逸話であるという説や、しかも『八幡愚童訓《はちまんぐどうくん》』にあるような古くから流布していた短歌「いははれたまふ石清水」を「誰が歌った、彼が歌った」と言い伝えているうちに、有名人紫式部の歌となった、などの説がある。

中世にことさら賞味されたのはコイで、吉田兼好はコイを「やんごとなき魚なり」と称揚し、カツオを「鎌倉という田舎ではこの頃もてはやされている」（大意）と軽んじている。コイは天皇の前で料理されるものだが、カツオなどはそれなりの地位のある人に出すものではなかった、というのがその理由だった（『徒然草』第百十九段）。

鎌倉の海に、鰹と言ふ魚《うお》は、かの境ひには、さうなきものにて、この比《ごろ》もてなすものなり。それも、鎌倉の年寄の申し侍《はんべ》りしは、『この魚、己れら若かりし世までは、はかぐ\しき人の前へ出づる事侍らざりき。頭《かしら》は下部も食はず、切りて捨て侍りしものなり』と申しき。（西尾&安良校注、2001：201-202頁）

これに続いて「世も末になると、もとは下魚だったカツオごときもてはやされるほど価値が変わるのか」という兼好法師特有のすね者的詠嘆が付け加えられているが、事実はたぶんそんなことではなく、ただ単にカツオの鮮度を保つ漁法と運搬が始まったためなのだろう。鎌倉政権は平安貴族に対する革命政権で、それは新興経済勢力を背景にしていたはずだからである。

「小田原浦近く釣舟おほくうかび、鰹をつる」という記述がある『北条五代記』は、成立年代が元和《げんな》年間（1615年〜）なので、江戸初期の風景が描かれているのだが、鎌倉時代に関東へ漁民が移動して、初めてカツオを釣り始めたとされる（長崎、2001：104-105頁）。鎌倉時代は二毛作が始まり、馬借、無尽、質屋、職人が生まれた時代であり、カツオが賞味されるようになった背景は、おそらくここにある。

この時代、13世紀の日宋貿易では10万貫（1億枚の銅銭）、つまり28トンをはるかに超える量の銅銭が一つの船に積みこまれて運ばれるほどで（網野、２００５：３３３頁）、日本は世界経済とかかわるようになった。そして13世紀末の元寇以来、日本は国際的に緊張した状況下に置かれるのだが、『徒然草』が書かれた（１３３１年）のは、まさにそのように日本社会が大きく転換していた時代であった。

絵巻物の中の漁撈の現場、市場

この時代はまた、『伴大納言絵詞《ともものだいなごんえことば》』（１１７０年頃）、『一遍聖絵』（１２９９年）、『春日権現験記』（１３０９年頃）など絵巻物の全盛期だった。そこでは、当時の庶民の生活も生き生きと描かれ、漁撈の現場も魚を売る市場もある〔＊５〕。中でも民俗学者の宮本常一《みやもとつねいち》が、漁撈について描かれた絵巻物として挙げるのは『石山寺縁起《いしやまでらえんぎ》』（１３２４年〜１８０５年全７巻完成）と『彦火々出見尊絵巻《ひこほほでみのみことえまき》』（１２００年頃）の２つである（宮本、１９８１：１０８頁）。この碩学《せきがく》の指摘を道しるべとして、絵巻物の世界をひもといてみよう。

まずは、浦島伝説、海彦山彦伝説、皇室祖先伝説のもととなる物語を描いた『彦火々出見尊絵巻』（図22）から。この伝説の舞台は太古の神話時代、あるいは5世紀の雄略天皇の時代だが、絵巻が成立したのは鎌倉時代である。

図22　魚さばきの図(『彦火々出見尊絵巻』より)

『彦火々出見尊絵巻』は、鎌倉時代前期1200年前後に成立した。海彦山彦の伝説を絵巻物にしたもので、山彦が豊玉姫《とよたまひめ》(豊玉毘賣の命)と出会い、姫が神武《じんむ》天皇の父、鵜《う》茅《が》草《や》葺不合命《ふきあえずのみこと》を産むところまでを描いている。神話を絵巻物にしたのだが、人々の装束、生活風俗は鎌倉初期のものと言われている。この場面はその物語の冒頭で、弟の彦火々出見尊(山彦)は兄の海彦の家を訪ね、釣り針の借用を懇願する。その屋敷の敷地内で、小川を前に海彦の使用人が魚をさばいている。魚叉の先端は切れているので、他の絵から取った絵を左下に挿入した。

海彦の屋敷は海岸の近くにあり、籬垣《ませがき》の内では男が魚をさばいている。砂浜からは籬垣で敷地を仕切り、そこに網を干し、砂地には櫓《ろ》が無造作に置かれている。大きな海ガメの甲羅も砂の上に干され、あたりにはアサリ、ハマグリ、ヒオウギガイの貝殻が散乱している。中央のマツの木の枝には、魚をとるための柄の長いタモ網と櫂《かい》、そして海藻用の先割れの櫂が立てかけられている。籠には魚が入りきれないほど盛られており、使用人が処理した魚にはタイやスズキらしいものの他、ヒラメかエイのようなものもある。

図23　鎌倉時代備前の国福岡市の魚屋（『一遍聖絵』より）

『一遍聖絵』（『一遍上人絵伝』とも）は、鎌倉時代初期を代表する絵巻物。法眼円伊《えんい》の絵で、1299年に完成（京都歓喜光寺《かんきこうじ》所蔵）。一遍は伊予《いよ》（愛媛県）の人で、法然の曾孫弟子にあたる。「踊り念仏」を広めて全国を行脚した人なので、他の絵巻物が高僧や貴族の生活描写に偏っているのに対して、庶民生活が生き生きと描かれている点で出色である。

魚をさばく男の後ろのマツの下には魚を干す棚があり、その上に6尾の魚が並び、それらを押さえるかのようにカブラ矢が置かれている。棚の下には桶があり、ここに山彦が捕ってきた鳥か兎のようなものが山盛りなので、矢は山彦のものかもしれない。右端のマツの木に立てかけられているのは、夜に漁をするための火を焚く吊りかがりと、三つ叉の魚叙である。これは本格的な槍のようなもので、2mにもなるマグロでも突くことができるだろう。

これと、鎌倉時代初期を代表する絵巻物『一遍聖絵』（図23）を見比べてみれば、中世に漁獲された魚がどのように売りさばかれていたかがよくわかる。

舞台となる備前の国福岡市《ふくおかのいち》（岡山県瀬戸内市長船町《せとうちしおさふねちょう》）は、吉井川《よしいがわ》の河原に開かれていて、川岸には多くの舟がつけられ、たくさんの店があり、買い物客で賑わう繁華な市場だった。魚屋は市場の端にあり、後ろには鳥類（ヤマドリか？）や干魚、そしてタコかイカの干し物もぶらさがっている。隣の米屋では、今しも客が広げた袋の口にコメを注ぎ込むところである。

魚屋の若旦那は、客の若い女の求めに応じて大きな魚の腹を裂いているが、魚の新鮮さはその赤い血でよくわかる。その後ろでエラから紐を通して魚を束にして振り分けで運んでいる男は、これから山越えで農山村に行商に出かけるところかもしれない。魚売りは山を越えて歩いたが、それは戦後まで日本の地方では普通のことだった。

この絵巻では、市場の左端で吉備津宮《きびつのみや》の神主の子息主従が一遍上人を殺そうと刀を抜き、斬りかかろうとする姿が描かれているのだが、その背景にいつもと変わらない平和な市場の風景を詳細に描きこんでいるのが画家の力である。この絵巻物によって、私たちは当時の庶民の生活を克明に知ることができ、彼らの息づかいまで感じられる。

図24は日本最古の動物保護の絵である。平安時代中期（987〜988年）、石山寺では寺領内での殺生《せっしょう》を禁断とした。鎌倉時代はじめには、この殺生禁断の地域には石山寺周辺の瀬田川《せたがわ》の東西両岸が含まれ、寺領・他領を問わなかった。その禁断を破る者たちへの取り締まりの実施状況

図24　日本の動物保護最古の絵（『石山寺縁起』より）

石山寺は奈良時代の良弁《ろうべん》僧正（689–773）の創建と伝えられ、平安時代の文化の中心の一つであった。琵琶湖南岸、瀬田川の右岸にある。巻1の序文には、1324年頃に7巻本をつくったとあり、絵になった風俗は、鎌倉時代末期から南北朝時代である。

図25　大鯉の腹中から巻物が出た奇瑞《きずい》の図（『石山寺縁起』より）

右下に瀬田川の流れを堰き止めた逆茂木の簗の上で小魚を拾い集めている漁師がいる。それにしても、コイが大きい。

が、この絵巻に描かれている。武装した僧侶たちが投網《とあみ》をとがめて漁師たちを追い払い、網を切り裂き、檜桶の魚を逃がし、シカを殺した者を捕まえて棒で叩いている。

逆茂木《さかもぎ》の並ぶ川の中では手網を使って魚をとっているような3人の男たちが描かれているが、これは逆茂木と簗《やな》を壊しているところで、壊された簗が浮いている。簗はアユなどをとる仕掛けで、石山寺に参籠《さんろう》してそのお告げどおりコイの腹から院宣を見つけたという有名な場面(図25)では、簗が逆茂木の列とともに描かれて、そこから何気なくアユを取っている漁師が描きこまれている。

もちろん、有名な上にも有名な場面なので、読者は当然知っているだろうと、著者は意地悪をして絵を掲載しない……と思ったが、そんなことをしても意味がないことに気がついた。「すごい、すごい」と集まってきた人々の表情を堪能してほしい。

宣教師が見た戦国時代の魚食

戦国時代に入ってからの日本人の食生活については、キリスト教宣教師による記録が生々しい。彼らは世界の果てまで来て、じつに珍しい人種を観察することになった。中でもルイス・フロイスによる『日欧文化比較』(1585年)は、ヨーロッパ人とは正反対の当時の日本人の生活様式を目のあたりにさせてくれる。

日本人は生で食べることを一層よろこぶ。（フロイス、岡田訳注、１９９１：94頁）

野犬や鶴、大猿、猫、生の海藻などをよろこぶ。（同書、98頁）

海産物については、魚も海藻も生食が強調されているが、それはとりもなおさず、当時の日本において魚や海藻が鮮度を保ったままの状態で消費地まで運ばれたことを示している。このことは、現代の日本人にはなんでもないことのように思えるかもしれないが、熱帯地域ではとった魚が海岸に着くまでには、とうてい刺身にならないほどに鮮度が落ちきっているのが普通である。そのため、こうした様子を知る者の目には、それが一種の奇跡のように映る。また牧畜と農耕のヨーロッパ人にとって、魚の臭いのきついなれ鮨《ずし》などの発酵食品やくさやは遠ざけたいものであったようだが、これらが当時の日本社会で贈答品だったこともうかがわれる。

われわれの間では魚の腐敗した臓物は嫌悪すべきものになっている。日本人はそれを肴に用い、たいそう喜ぶ。（同書：１０２頁）

われわれの間では腐敗した肉や魚を食べたり、贈ったりすることは無礼なことである。日本ではそれを食べ、また悪臭を放っても躊躇することなくそれを贈る。（同書：104頁）

一方、ヨーロッパ人が好み、日本人が嫌ったとされたものがボラであった。

われわれの間では鯔《ぼら》は珍重されている。日本では嫌われ、卑しい人々が食するものである。（同書：106頁）

ボラは、現代ではカラスミとしてその卵が高級品扱いされるが、食用の魚としては評価が低い。下手にその胃を裂くと泥があふれて料理が台無しになるため、あまり評価されないのだろう。だが、うまく料理すればその白身は刺身でもフライでもじつにおいしい。

ボラは平安時代には珍味の一つとして熊の掌《てのひら》と肩を並べるほどであった（小幡、1961：149頁）とされる。「珍味」ということなら、「ボラのヘソ」と呼ばれる胃を評価したのではないだろうか。この魚の胃はじつにしっかりした筋肉質で、魚とは思えないほどの弾力がある。また、宣教師の印象がどうであれ、ボラが日本でも珍重されていたことは、出世魚として大きさで名前が変わることでもわかる。老大魚は「トド」と呼ばれ、「トドのつまり」という文句を生みだしたほどである。

こうして、私たちは中世を過ぎ、日本人の魚食の最も華麗な到達点とも言うべき江戸時代に至りつく。それは料理に使う魚の筆頭が、コイからタイへ、つまり淡水魚から海の魚へと転換した時代でもあり(原田、1989：20頁)、文化の中心が内陸の京都から東京湾に面した江戸に移ったことと歩調を合わせている。

魚市場は江戸の台所だった

当時の海の豊かさを生き生きと蘇らせるのは、江戸時代末期に日本を旅したイギリス人の若者の文章である。長崎に上陸した外交団の一員として日本を訪れたローレンス・オリファントは、宿で日本食を提供された。

うすく切った生まの魚に、塩漬けのショウガが添えてある。味も見た目もトフィ(砂糖菓子)によく似ているものを添えたクルマエビが積み重ねられている。塩漬の卵やアワビ、また何かわからない動物の軟骨片がある。醤油をつけて食べるのである。ヤマノイモや梨、そのほかいろいろな種類の果物や野菜も用意され、中には結構頂けるものもある。しかしやっぱり試食は危険である。安全な主要食品である米の飯の鉢が出て、助かった。(オリファント、1968：56頁)

私たちは江戸時代がどんなものだったかを、ごく簡単に忘れている。当時の郵便が全力疾走の配達夫によって行われていたことですら、外国人の観察がなければ思い出すことさえできない。普通にあったことは、それが普通であっただけに、誰も記録に残さないからである。

それは、干し魚の伝統的な使い方も同様である。川崎の寺を訪ねた彼らは追いかけてきた僧侶から梨を贈り物にもらった。そこには面白いものが、同封されていた。

使いの者が息を殺して現われ、梨を盛った大きな皿を運んで来た。――それは今別れてきたばかりの寺院の僧侶からエルギン卿への贈物であった。――そのことが書付に記してあったが、その書付には、一枚の塩魚の乾物が同封してあった(のしのことであろう)。この珍しい添え物は日本人の通信のあいさつのしるしである。それはその手紙の追伸であり、その趣旨は「祖先の智恵から離れないものは幸福である」ということである。いいかえれば、「われわれが元来漁撈の民であることを想い起そう。柔弱に堕し、奢侈《しゃし》に耽《ふけ》ることなく、同封の魚片に昔の生業の象徴を認め、禁欲と素朴との欠くべからざることを想い起すよすがとしよう」ということである。このようにして伝えようと望む道義は決して一片のつまらない感傷ではない。それは日本の能動的な道義の具体的表現であり、この国民の特色であるスパルタ的素朴と虚飾の排除とを証明するものである。（同書：180頁）

ここに西洋人の青年は、「元来漁撈の民」の心を見出している。その背景にあったのは、どこまでも澄み切った当時の海と、飲めるほどの水があふれる日常生活だろう。その証拠は刺身だ。陸上で魚をさばいて刺身をつくるには、大量の新鮮な水が必要である。刃物がなまくらでは刺身はムリだが、それ以上に「湯水のように」清水を使えるのでなければ、刺身はできない。そして、なにより鮮度が命となる。そのために、江戸時代には海からの魚の運搬路が整備された。大型の都市に大量に魚を供給する交通網と、それを売りさばくための中心地として江戸の魚市ができあがった。

江戸は当時人口100万を超えた世界最大級の都市であり、魚市場はその台所だった。現代では豊洲《とよす》市場以前の魚市場と言えば築地《つきじ》の河岸《かし》だったが、江戸時代では日本橋に魚市があった。その市場の雑踏の雰囲気を今に伝えるのが、『江戸名所図会《ずえ》』の魚市の図〔＊6〕である。

魚市を魚河岸と呼ぶのは、隅田川から日本橋に続く運河に沿っていたからで、海でとれた魚は

図26　江戸の魚市の繁盛（鈴木&朝倉校註、1975：69頁より部分）

千葉県銚子《ちょうし》から利根川《とねがわ》を遡り、陸路を松戸に出て、そこから江戸川と小名木川《おなぎがわ》（運河）を通って隅田川を経る「鮮魚《なま》街道」を使って、日本橋まで3日で届けられていた（冨岡、2016：61頁）。

この魚市の図では、川岸にあがってくるマグロなど大きな魚が描かれている。細かく見るとサメやアンコウがいたり、どう見てもジュゴンだろうというものまで並んでいたりするのが面白い。掲載した図（図26）はその市場の風景のごく一部だが、当時漁獲されていた魚類とそれを売り買いする人々の様子を垣間見ることができる［*7］。

店に並べられたのはマダイだろうか、鱗が目立つ。その右で手鉤《てかぎ》に引っ掛かっているのはタコで、手鉤は魚屋の武器である。

1970年代には、早朝4時、5時の築地魚河岸の年末の雑踏の中で、これを振り上げて喧嘩している姿が常時2、3ヶ所で見られたものである。むろん、年末だけの学生アルバイトとは言え、こちらは年季の入った鮮魚商の息子で、手鉤には慣れている。手鉤や包丁が振りまわされている間を「ハイ、ごめん」とくぐり抜けて、買い出しに来た魚屋の車まで商品を運んだことを思い出す。

もっともこの絵には殺気だった雑踏の気配は少なく、むしろ駘蕩《たいとう》とした文化文政年間(1804〜1831年代)の日本橋の繁華が漂う。そして、そこで売られている魚の大きさだけ見ても、「まことにいい時代だったのだ」と元鮮魚商の若旦那(と自分で言うのも変だが)には実感されるのである。

カツオ節と「国菌」

ところで、江戸時代には当時有り余っていた魚類を利用した、まったく革命的な食物がつくられている。それはカツオ節である。

カツオはスズキ目サバ科の19〜23℃の暖海にすむ体重20kgに達する大型魚類で、その大群《おおなぐら》は1000尾を超える(重さにすると20トン!)。そのためある程度の技術さえあれば、ごくごく容易に釣れる。しかし、問題はその先にある。

カツオは腐りやすく、人間は無限に食べられるわけではないからだ。カツオはすでに述べたように『古事記』や『万葉集』に登場するほど、はるかな古代から日本列島民が食べてきた魚であり、干し魚としても利用されてきたが、それでも余っただろう。

そこで日本列島住民は1000年の時を使って、この無限に釣れる魚の利用法を考えついた。まず魚を2枚に開き、日干しにして長持ちさせる。ここまでは世界中でやっていることで、日本でも古代から行われていた。さらに、開いた魚体を火であぶって燻製にする。これもあらゆる漁撈民がやることである。しかし、日本列島ではここからが違う。

日本ではカツオの燻製は室町時代から本格化し、炭を使って焙乾する「カツオ節」の原型(このレベルの「カツオ節」を「荒節」と呼ぶ)がすでに完成していた。日本独自技術の色あいが強くなるのはこの時代からで、江戸時代にその「荒節」に何度もカビ付けをして熟成をくり返し「本枯節」をつくる技術が登場する(星名・栗原・二宮、2014:107-108頁、111-115頁)。

その手順を見て驚く(表5)。全9工程の精緻さは、魚の加工としてはちょっと例を見ないものだ。あるいはローマ帝国時代の魚醤「ガルム」〔*8〕に比肩するだろうか。

この全工程を経て、叩き合わせて「カーン」と冴えた音がするまでには120日かかり、最終的には5kgの生カツオがわずか800~900gのカツオ節に変身する。

工程の中で特に注目されるのは、カビ付けである。一番カビは青カビのペニシリウム属(アオ

表5　カツオ節のできるまで

	工程	作業	産物
1	生切り	頭を落とし、3枚に下ろしてから背節2本、腹節2本の4つ割りにする	
2	籠立て	4つ割りを煮籠に並べる	
3	煮熟（註1）	煮釜に煮籠を入れて煮熟する	
4	骨抜き・焙乾	骨抜きした節を蒸籠に並べて、火の上で焙乾する	
5	修繕	損傷部分を磨りつぶした魚肉で整形する	
6	間歇焙乾	節を蒸籠に並べ、最大10回繰りかえし焙乾する	荒節
7	削り	荒節を日干しで2～3日放置し、表面のタール分や脂肪分を削り落とす	裸節
8	カビ付け	裸節を2～3日干して、カビを植えつけ、貯蔵する	
9	日乾（註2）	カビを払い落とし、放冷したあと室に入れる	カツオ節

註1　カツオのタンパク質が変質して核酸からイノシン酸が生成されるのだが、このイノシン酸を変性させないよう固定するため、熱湯に漬ける作業が行われる。
註2　この作業を最大六番カビまで行う。

カビ属とも〔＊9〕で、このカビ付けには2～3週間かかる。二番カビからは緑灰色のアスペルギルス属のカビ（麹カビ）となり、三番カビまでは人為的、四番～五番カビは自然につくが、最後にはカビが出なくなる。

二番カビ以降のアスペルギルス属のカビは、麹カビの一種カワキコウジカビ（あるいはカツオブシコウジカビとも）で、カツオ節に特化したカビである。カツオ節用のカビは、油脂分解酵素によってカツオの油脂分を分解し、内部の水分を吸収しながら繁殖する。その際、様々な酵素が生み出されてカツオ節の中に送り込まれるのだが、その中にタンパク質を分解してアミノ酸にするものがあり、うま味の主成分であるイノシン酸を蓄積させるのである。

アスペルギルス属の菌は麹菌（麹カビ）と呼ばれ、日本独自の発酵食品のもとにもなっている。発酵食品は東南アジアのお家芸とも言えるほど多いが、麴菌は日本でしか使われていない。このため、日本醸造協会は2005年に麴菌の全遺伝子配列が明らかになったのを機会に、麴菌を「国菌」(!)に指定した。

このカビ付けは、干したカツオにつくカビに悩まされていた南国の土佐《とさ》で、逆にカビを利用する方法として開発されたと言われる。また紀州印南浦《きしゅういなみうら》の甚太郎《じんたろう》や土佐与市《よいち》がこの技術の開発者であり、伝播者でもあったという言い伝えがある。

カツオ節からうま味の発見へ

カツオ節づくりの工程は十分複雑であり、たしかに想像を絶するものだが、本当にすごいのは、じつはここからである。なぜなら、カツオ節は食物であって食物ではないからである。

それは出汁《だし》という、うま味を与える調味料に変身する。そもそもホモ・サピエンスの味覚が甘い、苦い、塩辛い、酸っぱいの4種〔*10〕だけでなく、これに加えてうま味という第五の味覚があることを明らかにしたのも、日本人だった。

うま味という第五の味覚の解明は、明治時代に始まる(星名・栗原・二宮、2014)。1908年(明治41)、池田菊苗《いけだきくなえ》(東京帝国大学化学科教授)はコンブからグルタミン酸の塩(グルタミン酸を水酸化カルシウム、水酸化カリウム、あるいは水酸化ナトリウムで中和した物質)をうま味成分として分離した。グルタミン酸は1866年に小麦のタンパク質グルテンの加水分解によって見つけられた酸で、そのものは酸っぱくてまずいが、これを中和した塩がうま味となることを池田は発見した。

さらに池田は彼の研究生だった小玉新太郎《こだましんたろう》にカツオ節のうま味成分の研究をテーマとして与え、1913年に小玉はそれがイノシン酸のヒスチジン塩であることを解明した。イノシン酸もまた1847年にドイツで発見されていたが、うま味成分とは知られていなかった。その後、1957年にはヤマサ醤油の研究所にいた国中明《くになかあきら》が、椎茸のうま味成分がグアニル酸塩であることを明らかにした。

しかし、うま味をホモ・サピエンスの第五の味覚として認めることには、ヨーロッパの学界から抵抗があった。そこで、栗原堅三《くりはらけんぞう》(北海道大学名誉教授)らが1982年にうま味の研究会を立ち上げ、1997年にサンディエゴで開催された国際学会でようやく「うま味」が第五の味覚「Umami」として承認されるに至った(栗原、2019)。

日本人は1000年の時をかけてカツオ節を発明しただけでなく、その「うまい」味の科学的根拠まで明らかにした。しかし、これほどの人工的な過程を必要とする食品の加工にともなう問題がないわけではなかった。

カツオ節の黒い粉には、発がん性など人体に有害なベンゾピレンなどのPAHs(多環芳香属炭化水素)が含まれる。欧州連合(EU)、カナダ、中国、韓国などの有害物質の規制値をクリアする技術開発が行われ、日本国内はもちろん欧州に進出した日本企業でも、この新しいカツオ節の生産が始まっている。これらのカツオ節はヨーロッパ20ヶ国で使われるようになり、スペイン・ポンテベドラ県の町ヴィーゴにある三つ星レストラン「マルハ・リモンMaruja Limón」でも使われているという。

イカ漁に起こった劇的な転換

『万葉集』にも取り上げられなかったように、イカは日本の文化史においてまったく不遇である。しかし、イカが日本人に好まれなかったはずはない。

東南アジアの食に日本文化のルーツを探った星野龍夫《ほしのたつお》は、日本にとって同郷と異境の混在する東南アジアの姿を、対照的な写真(カンボジアの川のほとりにあるスルメの屋台とアヒルを積んで走る自転車)を一つの頁に掲載し、次のように語っている。

> そんな場所にスルメの屋台が出ていたりして、ふと自分がどこにいるのかと想ったりする。日本との近しさを感じるのである。一方、鳴き叫ぶアヒルを自転車にぶら下げて走る姿など見ると、「やはり異文化の土地なのだ」と実感させられたりもする。(星野・森枝、1995:79頁)

表6　明治から平成までのイカ漁獲量

単位トン

明治27年（1894）	28,101
大正元年（1912）	72,108
昭和元年（1926）	115,543
昭和10年（1935）	41,127
昭和20年（1945）	108,496
昭和30年（1955）	434,370
昭和40年（1965）	499,367
昭和50年（1975）	537,838
昭和60年（1985）	531,019
平成元年（1989）	733,594
平成10年（1998）	385,363
平成20年（2008）	289,962
平成28年（2016）	109,968

（資料：農林水産省大臣官房統計部　漁業・養殖業生産統計年報）

星野が言うように、日本人にはイカそのものよりもスルメイカのほうがより親しいかもしれない。スルメイカはカツオ節以上に日常的な海産物の干物の代表であり、スルメイカを焼く匂いには、日本の故郷を思い出させるものがある。スルメは日本人にとって食のルーツとも言うべき位置にあるのだろう。いや、すでに「あった」と過去形で言うべきなのかもしれない。

日本政府の統計には、明治27年（１８９４）以降のイカ類漁獲量が記録されている（表6）。昭和30年代に急に漁獲量が増えているのは、タイコ（手回し型イカ釣り機）が普及したからである。これが全国の手釣り方式を変え、昭和40年代にはそれがすべて自動になった。また集魚灯の光量は年々強くなっていった。その結果、１９８０年代後半から１９９０年代にかけて、イカは空前の漁獲量に達した。

１９８５年に日本海全域でイカ釣りの船に乗った足立倫行《あだちのりゆき》は、この時代のイカ食は日本食と言えるほどだったと語る（足立、１９８５）。１９８２年には、世界全体のイカ漁獲量１３５万８０

００トンのうち、日本は約４割の55万２０００トンを漁獲していた。しかも、１９８３年のイカ輸入量は10万１６００トンと、これも世界一を誇っていた。１９８３年のイカ類国内消費量は一所帯あたり年間で６・19kgと水産物購入量の第1位で、しかも１９６６年以来18年間連続だった（同書：2頁）。ここから足立は次のように言う。

　これらの資料から導き出せる結論はただ一つ、現代日本人の一番好きな水産物はイカなのである。言葉を換えれば、世界に冠たる水産国家ニッポンで、イカは偏愛されているのだ。（同書：３頁）

　だがその後、イカ漁獲量が１９８９年に70万トン台に跳ね上がったところで、劇的な転換劇が起こった。風船がしぼむように漁獲量が減り、２０１０年代には明治・大正年間の手こぎの櫓船で手釣りでイカ漁をやっていた時代と同じレベルにまで戻ってしまったのである。

　２００１年に孫が生まれた時、赤ん坊の食べ物に気を配る母親の要望を充たす健康によいものを探したのだが、東京都の保健所が「赤ん坊に毎日与えてもよい食物」の一つとしてスルメを挙げていたので勇んでスルメを買いに走り、孫の顎を鍛えたものだった。しかし、それから20年もたたない間に、スルメは高級品に姿を変えてしまった。

2017年のイカ漁獲量は、1位から4位は中国94万3151トン、ペルー29万7311トン、インド24万8863トン、インドネシア16万9180トンで、日本はチリ、韓国に次ぐ7位である。どこかで歯車が狂ってしまったのだ。

日本の沿岸から消える海藻の森

日本列島周辺の海域では、このイカ同様の衰退が海藻にも同じ時期に起こっている。海藻の種数は約8000種（藻類全体では約3万種、淡水と海水に半々とも）で、日本近海では約1200種（1000種とも）が知られている。この種数の多さは、地球規模で見ても第一級のものである。日本列島周辺の海藻類の分布を見ると、九州西部に最も多くの種類が分布を重複させていて、長崎県五島《ごとう》近海は日本近海の海藻植生の要《かなめ》となっている。この海藻植生の生態系の上に、70種もの海藻を食用とする例のない民族が生まれた（宮下、1974：231頁）。

日本人は古くから海藻を食用にしてきたが、そのために海藻の細胞壁を分解する酵素をもつ細菌が腸内に共生している。海藻の細胞壁を分解する酵素を海洋細菌の中から見つけ出したフランスのロスコフ生物学研究所のジャン・エンドリュク・エーエマンたちは、この酵素を持つ細菌が存在するのは、人類の中では「日本人の腸の中だけ」と発表した（Hehemann et al. 2010）。

海藻の細胞壁はセルロースとゲル状の多糖類（デンプンなど。単糖分子が重合した物質）による厚いもので、これが寒天などの製品の原料となっている。この厚い壁の一部を構成するポルフィラン（アマノリ属に含まれる炭水化物＝単糖を構成成分とする有機化合物）を分解する酵素を持っている海洋細菌ゾベリア・ガラクタニボランス（「ガラクトース〔単糖類の一つ〕食いのゾベリア」という意味）と同じ遺伝子をもつ細菌が日本人の腸内細菌で見つかったのである。

人の腸内細菌は３万種、１００兆から１０００兆個（10兆個とも）にものぼると言われているが、その一つの細菌のしかも特定の菌株だけが、消化酵素を生み出して紅藻を分解する助けになっているらしい。腸内細菌の突然変異によって新しい食物を取り入れられるようになる進化は、生物史的には大進化に属する。

かつて、セルロース分解酵素をもつ腸内細菌がウシ科という草食獣の大グループを生み出した。植物の細胞壁をつくるセルロースを分解する酵素を持つ細菌と共生することで、ウシ科は植物があるかぎり――それが干し草だろうとなんだろうと――それを食物として地球上のあらゆる場所で生活できるようになった。

ホモ・サピエンスは大人になるとラクトース分解酵素の活性が低下するため、もともとはウシ科動物のミルクを利用できなかった。しかし、ウシやヤギを家畜とした新石器革命以来、ホモ・サピエンスの一部は腸内に共生する細菌の能力や突然変異に託して、ラクトース分解酵素の活性

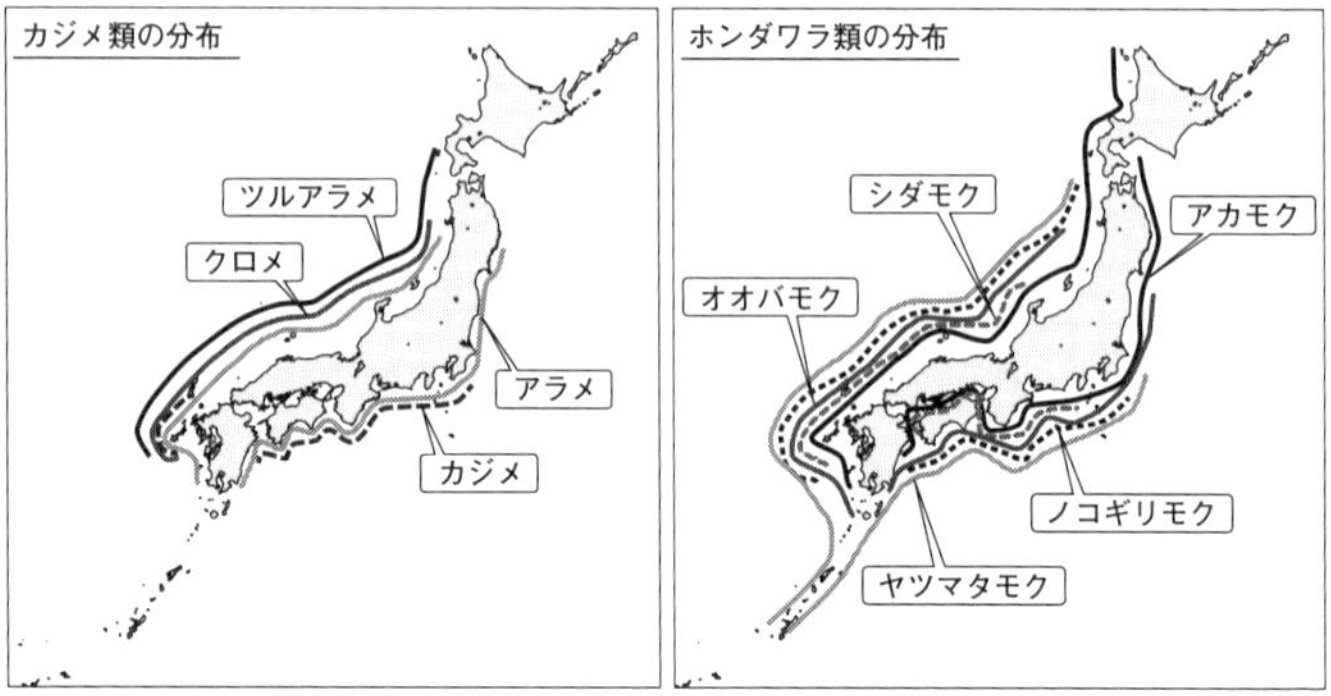

図27　日本列島周辺の海藻の分布
ホンダワラ類は褐藻綱ヒバマタ目ホンダワラ科に属し、カジメ類はコンブ目レッソニア科に属する。また、この分布図にはコンブ科は含まれていない（国土交通省「2順応的管理の実際」『順応的管理による海辺の自然再生』をもとに作成）

を維持し、そのミルクが利用できるようになった（Cairns et al., 1988）。これと同じ共生関係を、海藻分解酵素をもつ細菌とホモ・サピエンス（のごく一部の日本人）には見出すことができる。

　ホンダワラやカジメなど代表的な日本の海藻は列島周辺と朝鮮半島、および中国南部からベトナム北部まで分布するものが多い（図27）。日本近海ではこれらの海藻が消失する磯焼け現象が深刻になっているが、それは海洋汚染と同時に海水温の上昇が関係していると考えられている。

　海藻は植食性の魚類（アイゴ、ブダイ、ニザダイ、イスズミ類）によって食害を受けるが、これらの魚の分布も水温などの影響を受ける。これらの魚の多い亜熱帯、熱帯海域では海藻が繁殖できず、サンゴ礁となっている。しかし、それだけでは説明できないほど、海藻の森が大規模に日本の沿岸から消えてずいぶん時が経った。

かつて日本沿岸の海藻の森は、磯辺から始まっていた。潮間帯の浅瀬には短い海藻が、深みには大きな海草が、それぞれ生態系をつくっていた。海で泳げば砂浜以外は海藻に覆われた岸壁であり、岩場、磯だった。そこには海の中の森があった。海藻は雑草と同じ感覚だった。干潮に干上がる磯にはテングサ、モズク、ヒジキがあり、それより少しだけ深いところにワカメ、アラメがあり、ホンダワラが深みから立ち上がっていた。アラメを引っぱると、その根は小石を包んで広がっていて、その石には小さなアワビがついていた。

今では、ヒジキやコンブの保護地域以外は、どこの海辺に行っても日本沿岸に海藻の森を見ることはない。それはイカ漁が衰退し、また日本沿岸から湧き立つような魚の産卵風景が見られなくなった時代と対応している。

失われた魚の産卵風景

1980年当時に作家の有吉佐和子《ありよしさわこ》がたずねた時、北海道の西にある焼尻島《やぎしりとう》の長老たちは、30年前まで島のまわりに集まったニシンの姿を昨日のように覚えていた。

「島のぐるりの海草に（カズノコを）産みつけるのさ。雌が上で泳いで、雄がその下泳いで、背ビレでチョコチョコくすぐると雌が卵を産む。そこで雄が白子ですな、これを噴き出すのさ、一斉にね。だから海が朝も夜も盛上って、島のまわりはまっ白になる。まっ白ですよ」

「海がまっ白に色を変えて、ふくれ上るんですか」（有吉、１９８４：22頁）

１９５１年（昭和26）を境に、焼尻島のまわりには一匹のニシンも姿を見せなくなったが、まったく同じことが同じ年代に九州の南の種子島《たねがしま》、屋久島のトビウオにも起こっていた。

「昔は鹿児島県下では、産卵期に浮敷網で一千万尾軽くとれたといいますが、この島（屋久島）は昭和五十二年で一年に四十万尾しかとれなくなっています。今年は十三万尾です……」

……

「そう、オスの何寸か上にメスが一列に並び、オビレでオスがメスの腹を突っついて産卵を促す。そこへシラコをモクモクと放出しますから、海の色がまっ白になったとですよ」

岩川老の話が、焼尻の布目老人の話とまるでそっくりなので私は茫然としていた。北にニシンが来なくなり、南はトビウオが来なくなっている。偶然の出来事とは思えない。（同書：82－89頁）

それは隠岐でも小笠原でも同じことだった。

「隠岐のワカメはねえ、昔は二人で海にもぐればすぐ舟一杯になるほど沢山生えていたもんですが、今はワカメも減りました。ええ、イカも簡単にとれて、大きなイカが、つまり年寄りだからですかね、へとへとになって流れついてるのを何人もで引張りあげたりしたもんですが、今はそんなこともなくなりましたよ」（同書：283頁）

「一番はっきりしているのは海草が少くなったことだね。ラッパモク（ホンダワラ）が朝になれば山のように浜に打上げられていたし、サイミ（フノリに似た海草）も昔は一杯あって、産卵期のカメの餌や、農家が肥料に使っていたんだが、今はほとんどなくなってしまったねえ。岩海苔（オニアマノリ）も、西島なんかにべっとりついていてたもんだが、今はない。それと、カツオの生餌にしていたアカドロ（キンメモドキ）が、いなくなった。昔はうようよいたもんだが」（同書：324頁）

海藻の豊かさは、日本沿岸が失った最たるものである。植物は生態系の基盤であり、また海藻林の生産力は熱帯雨林よりも大きいから、その基盤を失って海の豊かさはありえない。

２０１８年の水産庁の水産資源報告によれば、養殖、沿岸漁業、沖合漁業、遠洋漁業の魚貝類の生産量合計は、１９８４年（昭和59）の１２８２万トンをピークに急激に下がりはじめ、２０１１年（平成23）には４７３万トンと半分以下となっている。

その結果、水産資源自給率は１１０％から50％を切るまでに落ち込んだ。２００７年時点で、すでに日本のエビの自給率は５％を切っていたが、国民的魚類であるサンマの自給率は１００％を超えているという、ごく楽観的な見通しがあった（２００７年7月24日読売新聞〔＊11〕）。だが２０１９年現在、そのサンマすらいなくなった。いずれにしても１９８０年当時に有吉佐和子が日本列島全体を回って見た光景が、40年後の現在、さらに悲惨な状態になっていることだけは確かである。

そうなった理由を様々に挙げることは可能であろうが、まったく個人的に言わせてもらえば、１９５８年の小学校６年生の頃、水田に撒かれた農薬は、それまで私たち子どもの格好の遊び場だった水田と小川周辺を死の領域に変えてしまった。その記憶は農薬の臭いとともに、今なお鮮明である。この年代あたりで、ニシンが湧かなくなった。１９６４年の東京オリンピックの年から、下関でも海岸に出ることが苦痛になった。廃油が海を殺していたからで、同じ頃、屋久島にもトビウオが産卵に来ることはなくなった。

イカも海藻もニシンもトビウオも、同じ衰退の道をたどっていたのだが、『複合汚染』を書いた有吉佐和子のような人々を例外として、その頃の人々はどこかで海の豊かさを楽観していたのだろう。だが、１９５０年代が日本近海漁業の転換点だったことは、東京湾の漁業権の全面放棄が１９６２年〔＊12〕だったことに如実に示されている。

水俣《みなまた》病を経験し、２０１１年の東日本大震災での原発事故によって日本の魚貝類が世界から忌避された今となっては、誰も海の将来については楽観できないことだけはわかっている。しかし、「長男の最大の仕事、それは故郷を守ることだ」と、襟裳《えりも》岬《みさき》の荒廃したコンブ漁場を回復した人々もいる〔＊13〕。かつてあたりまえのように身の回りにあった魚や海藻や貝類であふれている海を取り戻すための息の長い事業が、今こそ求められている。

世界食になった鮨・刺身

２０１８年に思い立ってアメリカ合衆国東部のデューク大学（ノースカロライナ州）に行った。飛行機はニューヨーク経由だったから、結局アメリカで一番繁華な町と典型的な田舎町を旅することになった。ニューヨークでは鮨屋を見ても、スーパーで鮨を見ても、そんなには驚かなかった。

しかし、ノースカロライナ州の大学しかないような田舎のスーパーで鮨が並んでいるのを見た時には、かなり驚いてしまった。もっとも、それは同じ年にマダガスカルのショッピング・モール内のフード・コートで開業した鮨屋を見た時の衝撃にはとうてい敵わない。こちらは、じつに絶句するほど驚愕した。

日本食が珍しいという意味ではない。アフリカに日本食の店は少ないけれど珍しくはない。ナイロビには有名な「赤坂」という日本食の店がずいぶん昔からあったし、マダガスカルでも日本食の店が何軒か興亡した。1980年代以降にマダガスカルの首都アンタナナリヴで開店した日本食の店には、高級店も庶民的な店もあり、その店主たちは皆知りあいだった。

しかし、どの店も鮨は避けて、すき焼き、うどん、カツ丼をメニューにしていた。なにしろ、海岸までは最低200㎞離れている内陸に首都がある。1980年代には魚貝類と言えば、ライギョ、テラピア、ウナギ、ザリガニ、テナガエビ、カキ以外はまったく知られていなかった。

マダガスカル人は世界一と言われる米食民族で、米がありさえすれば大丈夫だから、ご馳走としてゼブー（コブウシ）の肉が少しあれば一年中生きていける。そのため、ことさら海の魚を食べるという文化はなかった。まして、魚を生で食べるなど論外である。カキばかりは恐ろしいことに生で食されていたが、これはフランス文化圏だからである。熱帯、内陸、清水に乏しいという三拍子そろった環境で、魚を生で食べることは「死ね」ということに等しい。

この国に魚食を普及させるという難事業に取り組んだのは、日本人だった。1984年にこの

写真7　マダガスカルの鮨屋
「写真を撮らせてくれ」と言ったら、店員はカウンターの後ろに姿を隠してしまった。それでも目だけ出して、こちらを見ている（2019年11月30日撮影）。

事業が始まった時には、首都に魚用の冷凍庫は皆無だった。立役者の一人、石原《いしはら》・古《ふる》矢《や》晃《あきら》さんは、漁村に船とエンジンを持ちこみ、釣り方の指導をするだけでなく、その集荷、冷凍庫の設置、保冷車の配置、首都への輸送、店舗での販売までの一切の工程を監督した。その結果、5年間で首都に冷凍庫を備えた海の魚を売る店が500軒を超えるまでになった。

一つの国の食文化をこれほどまでに、これほど短期間で変えた事業を私は知らない。そして、まさかその余波が鮨屋となって出現するとは夢にも思わなかった。マダガスカルの衛生事情では、魚の刺身は恐くて食べられないのが、今でも常識である。しかし、わが鮨屋『ＺＥＮ―禅―』は一年越しに訪れても健在だった(写真7)。いろいろなものを米に乗せたり、米で巻いたりしているのが、米食民のマダガスカル人に受け入れられたのかもしれない。

この鮨を平気で食べられるようになれば、こちらも国際人だが、残念なことに今はまだその勇気がない。しかし、アメリカの片田舎どころかアフリカの辺境マダガスカルでも、生の魚がふつうの食物になってきているのを見ると、ここにホモ・サピエンスの将来の食があるのだと、素直に喜んでいいのかもしれない。

竜宮伝説と日本人

日本人には一つの夢がある。それは西暦477年から1500年の時を越える「夢」である。日本文化伝統の一つの水脈、「竜宮城伝説」のもととなる事件は5世紀の雄略天皇の時代とされ、8世紀に編纂された『風土記』(逸文)、『日本書紀』(巻第14・雄略天皇記)、『万葉集』(巻9)に繰り返し取り上げられ、後世に深い影響を与えた(『彦火々出見尊絵巻』はその代表である)。

浦島太郎が亀の導きで海の王女に出会い、「竜宮城」で夢のような生活をして故郷に戻ると数百年が経っていたという「竜宮伝説」は、現代まで様々な文学作品や絵巻物、説話、民話に語り継がれ、変容してきた。

日本人は竜宮城を、海にある理想の里と理解している。そこは、タイやヒラメが舞い踊ると歌われた世界で、そのどちらの魚も、日本人がその白身の微妙な味を好んで食べる。日本人にとっては、魚とともに踊ることも、その魚を賞味することも同じように大切なことで、ひとつながりの生命の輪がそこにある。

1882年に「観魚室《うおのぞき》」と命名された日本初の水族館が出現すると、その100年後には60館以上もの水族館が全国に拡散するほど、日本人は水族館を愛した。ここで豊かな水と魚の風景を見るとき、日本人は1500年間の夢が実現されたかのような錯覚を覚え、「故郷に帰ってきた」と安堵するのかもしれない。『竜宮城』が、そこにある」と。

1920年代には、東京湾の干潟で人々は月の光を浴びて、浅い海で踵《かかと》を上げて、やってくる魚を踏みつけるだけで、カレイやアイナメやワタリガニなどをとることができた。小説家はその光景を絵のように歌いあげている。

空はきれいに晴れ、十七夜の月が、殆んど頭上にあった。海面には極めて薄く靄《もや》がかかっているようで、それが月光を吸い、どちらを見ても青白い、夢幻的な光りが遍満していた。こんな晩は同じように、魚を踏みに来ている者が幾組かあるのだろう。どこか遠くで、ときたまかすかに人の声がする（山本周五郎、1964：136頁）

日本沿岸のそれほどの豊かさは、南北3000kmにおよぶ長大な日本列島を取り囲む四つの海と、四つの海流のたまものだった。そして3000mを超える高山と260以上の活火山を有する峻《けわ》しい地形が、大小6800有余の島々と半島、岬と浦々、内海と水道と無数の河川と湖沼という世界に類を見ない多様な水世界をつくり出した。

天に連なる青い海原―光輝燦然たる霞の中に融け合う海と空。……

……中でいちばんすばらしいもの……この土地特有のもので、この大気のゆえに、蓬萊《ほうらい》の日光はどこの陽射しよりも白く感じられる。……驚くほど澄み切っているが、たいそう柔かみがある。……要するに空気ではなくて、霊気から成り立っているのだ……どんな人間でもその大気を呼吸すれば、自分の血の中にこれらの霊気の顫動《せんどう》を取り入れることができる。

……

蓬萊では邪悪の何たるかを知らない故に、人々の心は老いるということがない。心がいつも若い故、蓬萊の人々は生まれてから死ぬまで微笑みを絶やすことがない(小泉、1990：462-465頁)

今では、日本の漁獲量は１９８４年（昭和59）の１２８２万トン・自給率１１３％から、漁獲量も自給率も半減（２０１１年４７３万トン、２０１５年自給率57％）して、かつての豊かの海は遠い過去になってしまった。しかし、同じように北大西洋のタラが乱獲によって、１９７０年の資源量から２００６年には半減どころか16％にまで減ってしまったことがあったが、北大西洋沿岸諸国が一致して保護努力をし、今では資源量をようやく半分にまで戻すことができた。

同じことが、我らにできないはずがない。かつてとれすぎる青魚を活かすべくカツオ節を生み出し、その果てにうま味成分を抽出した人々には可能性が残されている、と信じたい。蓬莱の島は、まだここにある、「竜宮城」もここにある、と。

＊１　津軽海峡の最深部は１４０ｍで、対馬海峡の水深と変わらない。最終氷期の最大期には海面は１２０ｍ低下したと考えられているのでどちらの海峡も開いていたが、津軽海峡内にはいくつもの浅瀬があり、これを飛び石にして本州最北端へ渡るのは対馬海峡よりもはるかに簡単だった。

＊２　１００歳を超える老人の記述は「人性酒を嗜む。多くは寿考、百余歳に至る者甚だ衆《おお》し」（『後漢書』倭伝）を想い起こさせる。紀元1世紀頃の九州の人々の寿命とアリュート族との符合は劇的である。また、それらよりはるかな後世の１９８０年に、有吉佐和子が北海道の離島、焼尻島の「憩の家」について書き残していることとも符合する。

「壁には会員の長寿番付が貼ってあり、横綱は九十二歳。七十七歳でも三役に入っていない。びっくりするほど高齢者が多い」(有吉、１９８４：20頁)

21世紀前半、日本は「超高齢化社会」と叫ばれたが、意外にも20世紀前半のアリューシャン列島や北海道の島嶼にはるかに高齢者が住む社会を見出すのである。

*3　クワキウトル族とも。この先住民の発音はカタカナでは表記できないほど難しく、アルファベット表記(kwak-wak-ya-wak)もむろん正確なものではない。

*4　「いね・いちび・麻をうえ、蚕をかい、糸をつむぎ、細麻(いちび、ほそあさの布)・縑(かとりぎぬ・きぬ)・綿を生産する。その地には牛・馬・虎・豹・羊・鵲(こまがらす・かささぎ)はいない」。イチビはインド原産のアオイ科イチビ属の植物で、かつては繊維をとるために栽培されていた。

*5　絵巻物の図は、『日本絵巻大成』(小松茂美編、１９７７-１９７９)を適宜切りとったり、つないだりした他、図の中の線を消すなど、かなり加工して使った。

*6　神田の町名主だった斎藤家三代30年間にわたる労作で、天保年間(１８３４-１８３６年)に刊行された。絵は唐津藩小笠原家の御用絵師長谷川雪旦(１７７８-１８４３年)、画工は北尾重政である。何事にも口うるさい滝沢馬琴が雪旦の絵について「北斎でもこれより巧くは描けないだろう」と評価したという(市古・鈴木編、１９９７：37頁)。

*7　江戸時代には現代まで続く沿岸漁業の漁法はほとんど出そろった。また、魚種も豊富になり、中世までは知られていなかった魚も市に並ぶようになった。

「中世までほとんど姿をみせなかったブリ、ニシン、タラ、サワラなどがしだいに現われはじめ、イワシも当初は摂津、丹後の特産品としてデビューしている。……海産魚としてはタイ、ブリ、マグロ、サケ、ニシン、イワシ、サバ、アジ、イカ、カツオ、カレイ、クジラ、ボラ、アンコウなど……すでに

出そろっている。しかし、サンマだけはまだ顔をだしていない」(長崎、2001：136-137頁)

＊8　ガルムはギリシア・フェニキア料理に始まる。魚の内臓を塩漬けにして発酵させてつくられ、最高級品はキャビアに次いで高価だった。ローマ帝国ではあらゆる料理に使われ、万病に効くとされ、また化粧品の材料でもあった。ガルムを薄めたものはヒュドロガルムとして、ローマ帝国各地に駐屯する軍団に飲み物として支給されていた。通常はサーディンと総称されるニシン科のサルディナ属(ヨーロッパマイワシ)、マイワシ属やサッパ属の小魚を使ったが、ポンペイではタイを使っていたし、イギリスではニシンを使った。主な生産地の一つは、マグロの産卵回遊域にあるジブラルタル海峡のイベリア半島のバエロ・クラウディアで、北アフリカとスペインの海岸には多くのガルム工場の跡が残されている。

ガルムはアンフォラと言われる細首の甕《かめ》で輸送され、そこに製造者の名前などが書かれたので、流通経路が確認されている。1世紀(1900年前)には、スペインのアンダルシア地方からフランスのマルセイユを中継として、地中海沿岸ではローマまで、北方へはベルギーを通ってイギリスまで運ばれていた。しかし、ガルムの製法は、ローマ帝国の没落とともに失われた。

＊9　ユーロチウムは子嚢菌門チャワンタケ亜門ユーロチウム菌綱ユーロチウム目に属する菌類。ユーロチウム目マユハキタケ科に青カビのペニシリウム属と緑灰色のアスペルギルス属が含まれる。ペニシリウムは顕微鏡で見ると、ペンのような形をしており、その先に胞子がついていることから名づけられた。ペニシリンはこれから見つけられた抗生物質であり、ゴルゴンゾーラなどのチーズのカビもこの仲間である。これをカツオ節づくりの一番カビとするのは、その抗菌作用のためだろう。

＊10　拙著『ヒト、犬に会う』の中で、犬の味覚についての挿話として、西田利貞氏(京都大学名誉教授)が渋味はヨーロッパにはわからないと言っていたと書いたが、渋味や辛味は痛覚の一種だと池田菊苗が1909年の論文で考察していることを、栗原堅三氏(北海道大学名誉教授)からご指摘を受けた。また、

犬のうま味を感じる味覚は、ネズミに比べて人間にごく似ているのはなぜか、とずっと不思議だったが、拙著の犬の主食解明で、長年の疑問が解けたとも連絡をいただいた。じつにありがたいご指摘だった。

*11 サンマに対する根拠のない楽観は、1960年代からずっとあった。

「ほかの魚はどうかするととりつくす心配があるが、サンマのように次々と卵を産んでゆく魚は資源枯渇の心配がないそうで、日本人の蛋白資源として、油脂資源としてまことにありがたい魚である」(小幡、1961：140頁)

北海道大学教授で農学博士がこうまで言っても、何か根拠があるわけではなかった。

*12 これは江戸前の漁業権放棄ということなので、東京都の漁業者に限っているのかもしれない。

「東京内湾奥部の漁業四〇〇〇世帯が一斉に漁場を全面放棄し、廃業する前代未聞の決着をみる。放棄した漁場の面積は八三平方キロにおよんだ」(冨岡、2016：321頁)

千葉県では、漁業者は1971年に漁業権を全面放棄したが、その漁協は浦安町から富津町まで33組合、1万4631組合員にのぼった(千葉県企業庁事業のあゆみ：1996年10月発行)。浦安市公式サイトでも昭和46年(1971)に漁業権を全面放棄したとされる。東京湾は漁業者からは一度見捨てられた海だったのである。

*13 今井《いまい》彰《あきら》 NHK番組制作局チーフプロデューサー(大分県佐伯《さいき》市出身)による大分市講演「プロジェクトX・挑戦者たち～逆境に負けない」より。

スウェーデン・ルンド大学薬学部準教授のスタファン・リンドバーグが、「過去の食物と関係した進化的適応からみたホモ・サピエンスの生理学」と題した論文を発表したのは２００９年のことである。

それは①人類の系統で主に食べられた食物のうち、必須栄養素の必要最低限と毒性の上限、②人類と霊長類が利用した食物の中でホモ・サピエンスにとって明らかに有益なものと有害なものは何か、を明らかにしようとしたものだった。

そのために彼はパプアニューギニア・トロブリアンド諸島にあるキタバ島で自身が行った島民の健康調査の結果だけでなく、関係する文献を広く渉猟《しょうりょう》した。１９８５年から２００６年5月までに刊行された２００以上の科学雑誌や、医学、栄養、生物学、人類学の分野から関係する論文を探し出し、徹底的に調べ上げたのである。

彼はこの研究調査の結論として、ホモ・サピエンスと食物の関係を以下のようにまとめている。

この論文では、初期人類からホモ・サピエンスの出現に至るまでの典型的食物によって形成されたヒトの生理について総覧した。そこから得られた注目すべき証拠は、西欧化によって世界中で一般化している病気が、狩猟採集民の食物によって解決されることを示唆している。

明らかにホモ・サピエンスの栄養メタボリズムは最近になって導入された主食である穀物、乳製品、添加塩、精製脂肪と砂糖に完全には適応していない。人類は進化の過程で完全に海産物に依存してきたと推定できる。魚や貝をいつも捕ることができた祖先たちだけが今日、奨められている量のヨウ素をとることができただろう。人間のヨウ素要求量が高まったことは、何かの食物的理由によって最近になって増大したと考える十分な理由がある。これらには、ある種の植物の根、野菜、豆、そして種子（穀物）が含まれるが、ことごとく甲状腺腫誘発物質であり、これがホモ・サピエンスのヨウ素要求を高めたのである。（Lindberg, 2009:43）

このリンドバーグの結論は、イギリスの北ロンドン大学「脳化学栄養研究所」のマイケル・クロフォードらが主張した人類の進化上の魚食の重要性と一致している。彼らは魚食を「ドライビング・フォース」〔＊1〕と呼び、人類の知的活動の元であると主張してきた（Crawford & Marsh.

1991)。

それは、青魚に多く含まれるDHA(ドコサヘキサエン酸)やEPA(エイコサペンタエン酸)などの長鎖多価不飽和脂肪酸(LC-PUFA)が脳神経の膜構造に使われる必須脂肪酸で、ことにDHAは脳や網膜、そして精液の脂肪酸の主な成分として、脳の働きや生殖に重要な役割をもっていることが評価されたためだった。また、魚に含まれている脂肪酸とともにヨウ素も、必須の栄養素として重要な役割を持つことがよく知られている。

ヨウ素は類人猿のボノボが食べる水草に含まれているのでアフリカ大陸内部の人々の栄養状態の向上のために注目されていることは、第1章で述べた通りである。ヨウ素はもともと海藻の灰から発見された元素の一つで、体内に取り入れられると甲状腺に蓄積され、甲状腺ホルモンを合成する。このため、ヨウ素は人体の必須元素とされている。甲状腺ホルモンは全身の呼吸、エネルギー生産に関係し、ことに子どもでは、その成長に不可欠のホルモンである。

今日、大人が1日当たり摂取を推奨されているヨウ素の要求レベルは、肉や野菜のヨウ素含有量に比べるとおどろくほど高く、150㎍である(授乳期の成人女子では290㎍)。100gあたりのヨウ素含有量は、肉や野菜で最大6㎍、乳製品で4㎍以下、根茎3㎍以下、果実2㎍以下、野菜や穀物1㎍以下となっており、軒並み6㎍以下である。これらだけで必要なヨウ素量を賄《まかな》うことは不可能である。

これに対して、魚貝類の100gあたりのヨウ素含有量は、貝類60〜700㎍、魚類7〜85㎍(100〜400㎍とも)である。また、海藻では1gあたりコンブは2100㎍、ヒジキは470㎍ときわめて含有量が高い。ホモ・サピエンスが十分なヨウ素を摂取しようとすれば、魚貝類抜きで達成することは難しい。それを踏まえてリンドバーグはこう続ける。

先進国の人々の食事にはシーフードやヨウ素化塩が少なく、乳製品はヨウ素不足のリスクを増す。貝と魚、とくに海のものは、さまざまな動物の甲状腺のヨウ素の特別な供給源である。ナッツや肉(野生と飼育を問わず)、内臓肉(甲状腺以外)、果実、そして根と葉野菜はヨウ素の貧弱な食品である。妊娠中や哺乳期には十分なヨウ素摂取が子どもの脳の発達に決定的である。したがって、クロフォードらにならって(Cunnae & Crawford, 2003)、人類は厳密に海の食物に依存していると言ったほうがよいだろう。

しかし、海の利用の考古学的証拠は中期旧石器の11万年前であり、完全なホモ・サピエンスの出現のずいぶんあとになる。ヒト属は淡水と海水の沿岸で進化し、生理的にはシーフードに依存するようになった。もっとも、ヨーロッパにおいては、2万8000〜2万年前の後期旧石器時代中期まで内水面での魚貝類の利用はなかったようである(Richard et al., 2001)。

(Lindberg, 2009:47頁)

新石器時代に新たに人類の食物となった穀物などには、別の意味でも問題がある。フィトン酸、レクチン、グリアジン、フラボノイド、そして青酸配糖体のように直接・間接的にゴイトロゲン〔*2〕となる物質が含まれており、それらが甲状腺腫にかかわりをもっているからだ。また牛や山羊のミルクには、乳糖とカゼインという消化しきれない、また直接に腸の粘膜に傷を与える物質が含まれており、それが動脈硬化、抗インスリン、リポ毒性という病的プロセスを引き起こす。

これらが死亡原因の1位から3位（ガン、心疾患、脳血管疾患）にかかわるということだけでも恐ろしいのだが、それ以上に問題なのは、多嚢胞性《たのうほうせい》卵巣症候群など女性の不妊につながる問題が、現代西洋型食物から引き起こされる可能性である。

リンドバーグは穀物などの毒物成分に話を限っているが、私たちホモ・サピエンスが現在日常的に浴びている、また摂取している毒物はそんな程度のものではない。環境ホルモン、残留農薬、重金属汚染、食品添加物、マイクロプラスチック、界面活性剤、殺菌・殺虫剤、抗生物質、放射線……。現代社会は人体に直接影響を与える薬物に事欠かない。これに遺伝子操作作物と麻薬物質が組み合わされば、どれほどのダメージをもたらすかはもはや想像もつかない。

前章で述べたイカの漁獲量の衰退、海の雑草・海藻の回復不可能と思えるほどの被害などは、日本列島近海の環境が著《いちじる》しく劣化した結果であった。同じことがホモ・サピエンスの肉体にも起こらないはずがない。ホモ・サピエンスがその40万年の歴史の中で「完全に依存してきた」海産物に対し、その利用だけではなく、その保全に技術開発の向きを大胆に変えることが必要な時代になっているのではないだろうか。

その方向転換は、実際にはそんなに難しくはないことを、世界食となった鮨・刺身は教えてくれているのかもしれない。タラの資源量の減少に驚いた北大西洋沿岸諸国が、国の垣根を越えて協力し、以前の半分までの資源回復を実現したことは、一つの大きな前進だった。それは、人々が魚食を単なる嗜好の問題ではなく、国境を越えた海という地球的な視野で、ホモ・サピエンスの生存にかかわる問題であると認識した時、新しい世界が――競合と奪い合いではなく、持続可能な生産への国際協力に基づく世界が生まれる可能性を示した試行錯誤の好例だった。

なにしろ、ホモ・サピエンスの「進化」を支えてきたドライビング・フォース（前進する力）は、魚食なのだから。

＊1　「魚食」は「魚だけ」を食べることではなく、淡水、海水を問わず、魚や貝や甲殻類などの海・水棲動物、水草や海藻などの植物からプランクトンまでを含む水産物全体を食べること、である。

＊2　ゴイトロゲン（甲状腺腫を引きおこす原因物質）は、甲状腺の発達を阻害する物で、豆のフラボノイド

（抗酸化、抗菌作用をもつ、いわゆるポリフェノール）や2500種もの植物で合成されているシアン化グリコシド（加水分解するとシアン化水素＝青酸となる青酸配糖体）が含まれる。

あとがき

サルの野外研究を生涯続けてきた者が、魚について書く機会を与えられたのは、天の配剤、女神の微笑み、偶然の大間違い、悪魔の誘いとも言うべきもので、まったく筋違いの本である。そう思われるのはやむをえないが、そうなったのには理由がある。

祖父は天草の漁師であり、父も長兄も船乗りだった。母は長姉夫妻と下関市彦島で鮮魚商を営んでいた。母方の祖母は讃岐《さぬき》の農家兼猟師の家の出だから魚屋とは関係ないが、倉敷《くらしき》の女工生活から脱走して関門港で働いて、彦島江浦《えのうら》の三菱造船所の前で飲食店を開いた。関門港には日本の港で唯一の女性労働者「ごんぞう」がいたが、祖母はその一人だった。

荒くれたちに混じって働き「男と同じ仕事をするのだから、同じ賃金を出せ」と手配師に迫ったと、自分で言っていた。母は祖母の飲食店を嫌って、自分で魚を扱う仕事を始めた。母は帰宅すると、夕食の時に祖母にその日の出来事を細かく語る習慣があり、それを片耳で聞きながら、「危ない橋を渡っているんだなあ」と思うことがたびたびあった。

家の前の坂道を下ると下関漁港で、下関〜彦島間の連絡船用の浮き桟橋には、マイカーならぬマイ伝馬船《てんません》がつないであった。今ならバス停をマイカーの駐車場にしているようなものだった。この櫓で漕ぐ伝馬船を使って、休みの日には義兄と一緒に釣りに行った。

父の実家は長崎県北高来郡飯盛村《きたたかきぐんいいもりむら》（現諫早市《いさはや》）の江浦という漁村にあり、隣が本家で家業は漁師だった。春、夏、冬の長期休暇のたびに、半身不随の父の見舞い方々長く滞在したが、早朝の仕事は本家の漁の手伝いだった。大小の魚が跳ねている刺し網を引き上げるのは、いつでもワクワクするような体験だった。当時は、イセエビがいくらでもとれたから、正月に下関に帰る時の土産は籠の中でキュウキュウ鳴いているイセエビだった。

マイ伝馬船で一緒に釣りに行った長姉の夫の出身地は五島列島の玉之浦《たまのうら》で、これも由緒正しい漁村であり、次姉の夫は天草生まれだったから、とにかく漁師はあたり一面にいた。つまり、本書は由緒正しい漁師家系のサル屋による、魚食の本である。

魚を見る目は、結局子どもの頃からの環境の影響が大きい。サルの調査をしていても屋久島ではウツボを釣り、ヤマネコの調査では西表島《いりおもてじま》でノコギリガザミをとり、アイアイの研究では無人島ヌシ・マンガベの砂浜で貝を拾い、マダガスカル全域を調査していても、酒井雅義さんとナリンダ湾で見た魚の多さが一番印象に残っている。チンパンジーを見に行ってもタンガニーカ湖の魚類が気になり、ゴリラの命名者になっても大地溝帯にある無数の湖に出かけ、ケニアのナイバシャ湖の魚をとる鳥相の豊かさには、ことさら注目した。

たぶん、そのあたりを編集者の山北健司さんは見抜いていたのかもしれない。サル屋に「魚食について書け」と言うだけでなく、「ホモ・サピエンスのユーラシア大陸への拡散は、海への新しいニッチの開拓としてとらえるべきである」と視界を開いてくれた。じつにありがたかった。

もっとも、そのようなまったく新しいニッチを開く際の新技術開発の担い手は子どもではないだろうか、というアイデアについて、「よく考えて」と忠告してくれたのも山北さんだった。このため、いろいろな迂回をすることになったが、「相待つ」という湯川秀樹の言葉からは強烈なインスピレーションを受けた。ここには、まったく新しい発想を生みだすためのホモ・サピエンス特有の精神構造があるのかもしれない。

ヨーロッパへのホモ・サピエンス第2波については、山北さんから「手薄」と指摘されたので少々奮起した。ヨーロッパの旧石器時代の編年はじつに精密にできていて、法政大学出版局による「りぶらりあ選書」のユ・ゲ・レシェトフの『人類の起原』やクラーク&ピゴットの『先史時代の社会』は、大学院に入ったばかりの時代に夢中になった本だった。

しかし、その知識は机上のもので、少年期の読書経験や野外調査をまとめるための論文の読みこなしとはまったく異なる「浅い記憶」である。半世紀前のこととはいえ、大学生時代の知識なので、ごく浅いところにある。それを披露するのは、何やら気恥ずかしかった。それもあって、「誰もが知っていること」と軽くすごすつもりだった。しかし、「手薄」と言われては奮起するしかない。

幸い、この方面については古人骨の遺伝学が最近急速に進んでおり、かつては石器の分類でしか想定できなかった相互関係が、担い手自身のＤＮＡから明らかにできるという利点ができた。１９７０年の『先史時代の社会』と、デイヴィッド・ライクによる２０１８年の『交雑する人類』という、ほぼ半世紀を隔てた両碩学によるそれぞれの領域の知識を合わせると、立体的なヨーロッパの人類史が見えてきて、人類史の転換はこのように起こったのだ、という実感が生まれた。それが読者に伝われば と思って、図の選定と加工には相当気を遣うことになった。

さらに、山北さんから「日本の中世も知りたいじゃないですか」と再び三度《みたび》の天の声。しかし、これは「渡りに舟」というものだった。「日本文化の『謎』は絵で解ける」と年来思ってきたとおり、その時代の風俗をものの見事に描き出すものがいくつもあった。中世の絵巻物で見つけたのは、非凡な絵師たちの非凡な仕事だった。それをカラーで紹介できないのはまったく残念だが、少しでも実物の迫力に近いものが伝わることを願っている。

冒頭の魚屋の店先を思い出すためには、姉(平野和枝：天草出身の夫を持つ次姉)に協力してもらった。二人して「あれもあったね、これも」と話しているうちに、店に並べてあった魚のリストができた。

妻節子は例によって文献収集に走り回ってくれた。なにしろ、古い本が多く、図書館の書庫にしまわれているものが多かったし、最後は絵巻物だったので、重量だけでも大変だったのである。最新の論文については東京大学総合研究博物館遠藤秀紀《ひでき》研究室に、絵巻物など一般書については文京区立真砂中央図書館に、いつものようにたいへんお世話になりました。伏してお礼を申し上げます。

主要参考文献

足立倫行、１９８５『日本海のイカ――海からだけ見えるニンゲン社会の動悸』情報センター出版局

網野善彦、２００５『日本の歴史をよみなおす(全)』ちくま学芸文庫

アードレイ、R.、徳田喜三郎訳、１９７８『狩りをするサル――人間本性起源論』河出書房新社

有吉佐和子、１９８４『日本の島々、昔と今。』集英社文庫

Assefa, Z. et al., 2008. The large-mammal fauna from the Kibish Formation. *Journal of Human Evolution* 55:501–512.

Balter, V. and L. simon, 2006. Diet and behavior of the Saint-Césaire Neanderthal from biogeochemical data inversion. *Journal of Human Evolution* 51:329–338.

ベーリンガー、W.、松岡尚子ほか訳、２０１４『気候の文化史――氷期から地球温暖化まで』丸善プラネット

Berger, T.D. and E. Trinkaus, 1995. Patterns of trauma among the Neandertals. *Journal of Archaeological Science* 22:841-852.

Binford, L. R., 1981. *Bones: Ancient Men and Modern Myths.* Academic Press. New York

Bocherens, H., 2009. Neanderthal dietary habits: Review of the isotopic evidence. In Hublin, J.-J. and Richard, M.P., eds. *The Evolution of Hominin Diets: Integrating approaches to the study of palaeolithic subsistence.* pp. 241-250. Springer Science + business Media B.V.

Bocquet-Appel, J-P. and A. Degioanni, 2013. Neanderthal demographic estimates. *Current Anthropology* 54: Supplement 8 December.

ボルド、F.、芹沢長介・林謙作訳、1971『旧石器時代』平凡社
房総の自然研究会、1974「房総丘陵のニホンザルの植物性食物リスト」『にほんざる　日本の自然と日本人』No.1: 180-192頁

Brain, C. K., 1981. *The hunters or the hunted?* The University of Chicago Press, Chicago.

Braun, D.R. et al., 2010. Early hominin diet included diverse terrestrial and aquatic animals 1.95 Ma in East Turkana, Kenya. *PNAS* 107(22) 10002-10007

Broadhurst, C.L., SC. Cunnane, and M.A. Crawford, 1998. Rift Valley lake fish and shellfish provided brain-specific nutrition for early Homo. *British Journal of Nutrition* 79(01):3-21.

Cairns, J., J. Overbaugh, and S. Miller, 1988. The origin of mutants. *Nature* 335:142-145.

クラーク、G.、ピゴット、S.、田辺義一・梅原達治訳、1970『先史時代の社会』法政大学出版局

コクラン、G.、ハーペンディング、H.、古川奈々子訳、2010『一万年の進化爆発——文明が進化を加速した』日経BP社

Conard, N.J., and T. J.Prindiville, 2000. Middle palaeolithic hunting economies in the Rhineland. *International Journal of Osteoarchaeology* 10: 286-309.

Cox C.B. and P.D. Moore, 1993. *Biogeography An ecological and evolutionary approach. Fifth Edition.* Oxford Blackwell Scientific Publications, London.

Crawford, M. & D. Marsh, 1989. *The Driving Force Food, evolution, and the future.* William Heinemann Ltd., London. (引用は1991:Mandarin Paperbacks)

Cunnae, S.C. & M.A. Crawford, 2003. Survival of the fattest: fat babies were the key to evolution of the large human brain. *Comparative Biochemistry and Physiology Part A: Molecular and Integrative Physiology* 136(1):17-26.

Cunnae S.C. & M.A. Crawford, 2014. Energetic and nutritional constraints on infant brain development: implications for brain expansion during human evolution. *Journal of Human Evolution* 77:88-98.
Dart, R.A., 1957. the Osteodontokeratic culture of Australopithecus prometheus. *Transvaal Museum Memoir*, No. 10. 105pp.
ダート、R.A.、山口敏訳、1960『ミッシング・リンクの謎』みすず書房
ダーウィン、Ch.、八杉龍一訳、1963-71『種の起原』岩波文庫
ダーウィン、Ch.、池田次郎・伊谷純一郎訳、1967、『人類の起原　世界の名著39』、中央公論社
ドゥ・カンドル、加茂儀一訳、1953『栽培植物の起原(上)』岩波文庫
ダイアモンド、J.、倉骨彰訳、2000『銃・病原菌・鉄——一万三〇〇〇年にわたる人類史の謎(上、下)』草思社
エディー、M.A.、鈴木正男訳、1977『ミッシング・リンク』タイムライフブックス
フェイガン、B.、東郷えりか訳、2008『古代文明と気候大変動——人類の運命を変えた二万年史』河出文庫
Finlayson, C. and J.S. Carrión, 2007. Rapid ecological turnover and its impact on Neanderthal and other human populations. *TRENDS in Ecology and Evolution* 22(4):213-222.
Finlayson, C. et al., 2012. Birds of a feather: Neanderthal exploitation of raptors and corvids. *PLOS ONE* 7(9)e45927.
Fiorenza, D.L. et al., 2015. To meat or not to meat? New perspectives on Neanderthal ecology. *Yearbook of Physical Anthropology* 156:43-71.
Froehle, A.W. and S.E. Churchill, 2009. Energetic competition between Neandertals and anatomically modern humans. *PaleoAnthropology* 2009:96-116.

フロイス、L.、岡田章雄訳注、１９９１『ヨーロッパ文化と日本文化』岩波文庫

Gautney, J. R. and T.W. Holliday, 2015. New estimations of habitable land area and human population size at the Last Glacial Maximum. *Journal of Archaeological Science* 58:103-112.

Hardy, A., 1960. Was man more aquatic in the past? *The New Scientist* 7:642-645.

Hardy, B.L. & M-H. Moncel, 2011. Neanderthal use of fish, mammals, birds, starchy plants and wood 125-250,000 years ago. *PLoS ONE* 6(8)e23768.

間直之助、１９６２「比叡山の野生ニホンザルに関する調査報告」坂本山王峡振興会

ハラリ、U. N.、柴田裕之訳、２０１６『サピエンス全史――文明の構造と人類の幸福（上）』河出書房新社

原田信男、１９８９『江戸の料理史』中公新書

Hehemann, J-H. et al., 2010. Transfer of carbohydrate-active enzymes from marine bacteria to Japanese gut microbiota. *Nature* 464(7290):908-912

ヘイエルダール、T.、水口志計夫訳、１９６９『コン・ティキ号探検記』筑摩叢書

Hernandez-Aguilar, R.A., J.Moore, and T.R.Pickering, 2007. Savanna chimpanzees use tools to harvest the underground storage organs of plants. *PNAS* 104(49): 19210-19213

Higham, T. et al., 2014. The timing and spatiotemporal patterning of Neanderthal disappearance. *Nature* 512:306-309.

廣野卓、１９９８『食の万葉集――古代の食生活を科学する』中公新書

本多勝一、１９８１『ニューギニア高地人』朝日文庫

Hohmann, G. et al., 2019. *Fishing for iodine: what aquatic foraging by bonobos tells us about human evolution.* BMC Zoology.

星名桂治・栗原堅三・二宮くみ子、２０１４『だし＝うま味の事典』東京堂出版

星野龍夫・森枝卓士、１９９５『食は東南アジアにあり』ちくま文庫
Hublin, J.-J. and W. Roebroeks, 2009. Ebb and flow or regional extinctions? On the character of Neanderthal occupation of northern environments. *C. R. Palaevol.* 8:503-509.
Hublin, J.-J. et al., 2009. Out of North Sea: the Zeeland ridges Neanderthal. *Journal of Human Evolution* 57:777-785.
Hublin, J.-J. et al., 2017. New fossils from Jebel Irhoud, Morocco and the pan-African origin of Homo sapiens. *Nature* 546:289-292
Humphrey, L. T. et al., 2014. Earliest evidence for caries and exploitation of starchy plant foods in Pleistocene hunter-gatherers from Morocco. *PNAS* 111(3): 954-959.
市古夏生・鈴木健一編、１９９７『江戸名所図会事典――新訂 江戸名所図会 別巻２』ちくま学芸文庫
池橋宏、２００５『稲作の起源――イネ学から考古学への挑戦』講談社選書メチエ
Ingman, M., H. Kaessmann, S. Pääbo, and U. Gyllensten, 2000. Mitochondrial genome variation and the origin of modern humans. *Nature* 408:708-13.
石原道博編訳、２００４『新訂 魏志倭人伝・後漢書倭伝 宋書倭国伝・隋書倭国伝』岩波文庫
Johanson, D. & M. Edey, 1981. *Lucy. The beginnings of humankind.* A Warner Communications Company.
Jolly, C. J., 1970. The seed-eaters: a new model of hominid differentiation based on a baboon analogy. *Man*, n.s., 5:5-26.
Joordens, J.C.A. et al., 2014. A fish is not a fish: Patterns in fatty acid composition of aquatic food may have had implications for hominin evolution. *Journal of Human Evolution* 77:107-116.
上領達之、２０１２「ネアンデルタール人を推理する」http://kyu-hachi.sakura.ne.jp/
Kano, T., 1979. A pilot study of the ecology of the pygmy chimpanzees, (Pan paniscus). *Kyoto University Af-*

rican Studies 7: 97-139.
Kay, R. F., 1981. The nut-crackers: a new theory of the adaptations of the Ramapithecinae. *American Journal of Physical Anthropology* 55:141-151.
鬼頭宏、２０００『人口から読む日本の歴史』講談社学術文庫
Klein, R.G., 2009. *The human career:Human biological and cultural origins. Third edition.* The university of Chicago Press, Chicago and London.
クライン、R. G.、エドガー、B.、鈴木淑美訳、２００４『５万年前に人類に何が起きたか？——意識のビッグバン』新書館
小泉八雲、平川祐弘編、１９９０『明治日本の面影』講談社学術文庫
国立天文台編、２０１１『理科年表』丸善
小松茂美編、１９７７－１９７９『日本絵巻大成』中央公論社
Krause, J. et al., 2007. Neanderthals in central Asia and Siberia. *Nature* 449:902-904.
栗原堅三、２０１９「味と匂いの研究余談　第２回味と匂いの研究の後半」『AROMA RESEARCH』No.78 (Vol.20 no.2): 162-166.
ラフリン、W.、ヘンリ、S. 訳、１９８６『極北の海洋民　アリュート民族　世界の民族誌３』六興出版
Leakey, M. and A. Askari-Michaels, 1988. *A guide to Koobi Fora. The East Turkana fossil sites.* National Museums of Kenya
Leca J-B., N.Gunst, K.Watanabe, and M.A.Huffman, 2007. A new case of fish-eating in Japanese macaques: Implications for social constraints on the diffusion of feeding innovation. *American Journal of Primatology* 69:821-828.
Lindberg, S., 2009. Modern human physiology with respect to evolutionary adaptations that relate to diet in

the past. In Hublin, J-J., and Richard, M.P., eds., *The evolution of hominin diets:Integrating approaches to the study of palaeolithic subsistence. Vertebrate paleobiology and paleoanthropology series.* Springer Science + Business Media B.V., pp.43-57.

馬淵浩司、２０１７「ＤＮＡが語る日本のコイの物語」『国立環境研究所ニュース』36巻5号（https://www.nies.go.jp）

Mahoney, P., 2006. Dental microwear from Natufian hunter-gatherers and early Neolithic farmers: comparisons within and between samples. *American Journal of Physical Anthropology* 130:308-319.

Martin, R. D., 2003. Combing the primate record. *Nature* 422:388-391.

McBrearty, S. and Brooks, A.S., 2000. The revolution that wasn't: a new interpretation of the origin of modern human behavior. *Journal of Human Evolution* 39:453-563.

McDougall, I., F. H. Brown, and J. G. Fleagle, 2005. Stratigraphic placement and age of modern humans from Kibish, Ethiopia. *Nature* 433: 733-6.

宮本常一、１９８１『絵巻物に見る日本庶民生活誌』中公新書

宮下章、１９７４『ものと人間の文化史　海藻』法政大学出版局

モーガン、E.、中山善之訳、１９７２『女の由来』二見書房

中尾佐助、１９６６『栽培植物と農耕の起源』岩波新書

中尾佐助、１９６７「農業起原論」『自然――生態学的研究　今西錦司博士還暦記念論文集』（森下正明・吉良竜夫編）：３２９－４９４頁

中尾佐助、１９８１「解説」『ニューギニア高地人』（本多勝一）朝日文庫

長崎福三、２００１『魚食の民――日本民族と魚』講談社学術文庫

小幡弥太郎、１９６１『日本人のたべもの』河出書房新社

O'Connor, S., R. Ono, and C. Clarkson, 2011. Pelagic fishing at 42,000 years before the present and the maritime skills of modern humans. *Science* 334:1117-1121.

小川鼎三・細川宏、１９５３『日本人の脳』金原出版

オッペンハイマー、S.、仲村明子訳、２００７『人類の足跡10万年全史』草思社

オリファント、L.、岡田章雄訳、１９６８『エルギン卿遣日使節録 新異国叢書９』雄松堂出版

Peters, Ch.R. and E.M.O'Brien, 1981. The early hominid plant-food Niche: insights from an analysis of plant exploitation by Homo, Pan, and Papio in eastern and southern Africa. *Current Anthropology* 22(2):127-140.

Pettitt, P.B. et al., 2003. The Gravettian burial known as the Prince ("Il Principe"): new evidence for his age and diet. *Antiquity* 295:15-19.

Pitcher T.J. and M.E. Lam, 2015. Fish commoditization and the historical origin of catching fish for profit. *Maritime Studies* 14:2. Doi:10.1186/s40152-014-0014-5

Porshenev, B.F., 1974. The Troglodytidae and Hominidae in the taxonomy and evolution of higher primates. *Current Anthropology* 15(4):449-456.

Ray, N. and J.M. Adams, 2001. A GIS-based vegetation map of the world at the Last Glacial Maximum (25,000-15,000BP)., Internet Archaeology 11

Reed, F.A. and S.A. Tshikoff, 2006. African human diversity, origins and migrations. *Current Opinion in Genetics & Development* 16:597-605.

Reich, D. et al., 2011. Denisova admixture and the first modern human dispersals into Southeast Asia and Oceania. *The American Journal of Human Genetics* 89:516-528.

ライク、D.、日向やよい訳、２０１８『交雑する人類――古代ＤＮＡが解き明かす新サピエンス史』

NHK出版
Richards, M.P. et al., 2001. Stable isotope evidence for increasing dietary breadth in the European mid-Upper Paleolithic. *PNAS* 98(1)6528-6532.
Richards, M.P. and E.Trinkaus, 2009. Isotopic evidence for the diets of European Neanderthals and early modern humans. *PNAS* 106(38):16034-16039.
Roberts-Thomson, J.M. et al., 1996. An ancient common origin of aboriginal Australians and New Guinea Highlanders is supported by alpha-Globin Haplotype analysis. *American. Journal of Human Genetics* 58:1017-1024.
Russon, A.E., A. Compost, P. Kuncoro, and A. Ferisa, 2014. Orangutan fish eating, primate aquatic fauna eating, and their implications for the origins of ancestral hominin fish eating. *Journal of Human Evolution* 77:50-63.
酒詰仲男、1961『日本縄文石器時代食料総説』土曜会
Salazar-García, D.C. et al., 2013. Neanderthal diets in central and southeastern Mediterranean Iberia. *Quaternary International* 318:3-18.
Schaller, G. and G. Lowther, 1969. The relevance of carnivore behavior to the study of early hominids. *Southwestern Journal of Anthropology* 25(4):307-341.
島泰三、2003『親指はなぜ太いのか――直立二足歩行の起原に迫る』中公新書
島泰三、2016『ヒト――異端のサルの1億年』中公新書
島泰三、2019『ヒト、犬に会う――言葉と論理の始原へ』講談社選書メチエ
島田覚夫、2007『私は魔境に生きた――終戦も知らずニューギニアの山奥で原始生活十年』光人社NF文庫

ストリンガー、C.、ギャンブル、C.、河合信和訳、１９９７『ネアンデルタール人とは誰か』朝日選書

Stringer, C.B. et al., 2008. Neanderthal exploitation of marine mammals in Gibraltar. *PNAS* 105(38):14319-14324.

菅野三郎、１９９０「畜骨の食化利用」『食肉の科学』31(2):243-251.

Summerhayes, G.R. et al., 2010. Human adaptation and plant use in Highland New Guinea 49,000 to 44,000 years ago. *Science* 330:78-81.

鈴木棠三・朝倉治彦校註、１９７５『新版 江戸名所図会 上巻』角川書店

竹岡俊樹、２０１１『旧石器時代人の歴史――アフリカから日本列島へ』講談社選書メチエ

武田祐吉訳注、１９５６『古事記』角川文庫

Taylor, G. 1927. "*Environment and Race — A Study of the Evolution, Migration, Settlement and Status of the Races of Man.*" Oxford University Press, London.

冨岡一成、２０１６『江戸前魚食大全――日本人がとてつもなくうまい魚料理にたどりつくまで』草思社

Trapani, J., 2008. Quaternary fossil fish from the Kibish Formation, Omo Valley, Ethiopia. *Journal of Human Evolution* Doi:10.1016/jjhevol.2008.05.07

Trinkaus, E., 1992. Evolution of human manipulation. in Jones, S., R. Martin, & D. Pilbeam, eds., *The Cambridge Encyclopedia of Human Evolution*, pp. 346-349. Cambridge University Press, Cambridge

Trinkaus, E., 2012. Neandertals, early modern humans, and rodeo riders. *Journal of Archaeological Science* 39:3691-3693.

Ungar, P., 2004. Dental topography and diets of *Australopithecus afarensis and early Homo*. *Journal of Human Evolution* 46(5):605-622.

Venturi, S. and M.E.Bégin, 2010. Thyroid hormone, iodine and human brain evolution. In Cunnae, S.C. and

Stewart K. M. eds., *Human brain evolution: The influence of freshwater and marine food resources*. John Wiley & Sons, Inc., New Jersey. pp.105-124.
Walter, R.C., et al., 2000. Early human occupation of the Red Sea coast of Eritrea during the last interglacial. *Nature* 405:65-69.
渡辺仁、１９８５『ヒトはなぜ立ちあがったか——生態学的仮説と展望』東京大学出版会
Watanabe, K., 1989. Fish: A new addition to the diet of Koshima monkeys. *Folia Primatol.* 52:124-131.
渡辺誠、１９７５『縄文時代の植物食』雄山閣出版
ワトソン、L.、内田美恵訳、１９８９『アースワークス——大地のいとなみ』ちくま文庫
White, T. D. et al., 2003. Pleistocene Homo sapiens from Middle Awash, Ethiopia. *Nature* 423:742-747.
Wood, B., 2012. Facing up to complexity. *Nature* 488:162-163.
Wrangham, R.W. et al., 1999. The raw and the stolen:Cooking and the ecology of human origins. *Current Anthropology* 40(5):567-594.
山本周五郎、１９６４『青べか物語』新潮文庫
米倉伸之、１９８７「対馬周辺地（海）域における第四紀後期の古地理と古気候」『対馬の自然』対馬自然資源調査報告書、長崎県
湯川秀樹、１９７９『自己発見』講談社文庫
吉田兼好、西尾実・安良岡康作校注、２００１『新訂 徒然草』岩波文庫

なお、図１は小松正之、２００７「日本水産業の抜本的構造改革について」『（独）経済産業研究所ＢＢＬセミナーNo.４３３』に引用されたもの。図２作成にあたっては、以下の文献を参照した。

Böhme, M. et al., 2011. Bio-magnetostratigraphy and environment of the oldest Eurasian hominoid from the Early Miocene of Engelswies (Germany). *Journal of Human Evolution* 61:332-339.

Grehan, J.R. and J.H. Schwartz, 2009. Evolution of the second orangutan: Phylogeny and biogeography of hominid origins. *Journal of Biogeography* 36:1823-1844. Doi:10.1111/J.1365-2699.2009.02141.x

Harrison, T. et al., 2014. Fossil *Pongo* from the Early Pleistocene *Gigantopithecus* fauna of Chongzuo, Guangxi, Southern China. *Quaternary International*

Hartwig, W. C. ed., 2002. *The Primate Fossil Record*. Cambridge University Press. Cambridge

Kunimatsu, Y., et al., 2007. A new late Miocene great ape from Kenya and its implications for the origins of African great apes and humans. *PNAS* 104 (49): 19220-19225.

Suwa, G. et al., 2007. A new species of great ape from the late Miocene epoch in Ethiopia. *Nature* 448(23)921-924.

Margo, J. et al., 2014. The primate fossil record in the Iberian Peninsula. *Journal of Iberian Geology* 40(1):179-211.

McHenry, M.H. and K. Coffing, 2000. Australopithecus to Homo: Transformations in body and Mind. *Annual Review of Anthropology* 29:125-146.

Retallack, G.J. et al., 2002. Paleosols and paleoenvironments of the middle Miocene, Maboko formation, Kenya. *Journal of Human Evolution* 42:659-703.

島 泰三（しま・たいぞう）
1946年生まれ。東京大学理学部人類学教室卒業。日本野生生物研究センター主任研究員、ニホンザルの生息地保護管理調査団主任調査員などを経て、現在、日本アイアイ・ファンド代表。理学博士。アイアイの保護活動への貢献によりマダガスカル国第5等勲位「シュバリエ」を受ける。著書に『親指はなぜ太いのか』『ヒト』（ともに中公新書）、『サルの社会とヒトの社会』（大修館書店）、『はだかの起原』（講談社学術文庫）、『ヒト、犬に会う』（講談社選書メチエ）など。

NHK *BOOKS* 1264

魚食の人類史

出アフリカから日本列島へ

2020年 7 月25日　第1刷発行
2021年 6 月25日　第3刷発行

著　者　島 泰三

発行者　森永公紀
発行所　NHK出版
東京都渋谷区宇田川町41-1　郵便番号150-8081
電話 0570-009-321（問い合わせ）0570-000-321（注文）
ホームページ　https://www.nhk-book.co.jp
振替　00110-1-49701
装幀者　水戸部 功
印　刷　三秀舎・近代美術
製　本　三森製本所

Printed in Japan　ISBN978-4-14-091264-5 C1345

NHK BOOKS

＊自然科学

※在庫品切れの際はご容赦下さい。